四川省工程建设标准体系
市政工程设计部分
（2014版）

Sichuan Sheng Gongcheng Jianshe Biaozhun Tixi
Shizheng Gongcheng Sheji Bufen

中国市政工程西南设计研究总院　主编

西南交通大学出版社

·成　都·

图书在版编目（CIP）数据

四川省工程建设标准体系市政工程设计部分：2014
版 / 中国市政工程西南设计研究总院主编. —成都：
西南交通大学出版社，2014.9
　ISBN 978-7-5643-3364-5

　Ⅰ. ①四… Ⅱ. ①中… Ⅲ. ①市政工程 – 建筑设计 –
标准 – 四川省 – 2014 Ⅳ. ①TU99-65

中国版本图书馆 CIP 数据核字（2014）第 205278 号

四川省工程建设标准体系
市政工程设计部分
（2014 版）

中国市政工程西南设计研究总院　主编

责任编辑	张　波
助理编辑	胡晗欣
封面设计	墨创文化
出版发行	西南交通大学出版社
	（四川省成都市金牛区交大路 146 号）
发行部电话	028-87600564　028-87600533
邮政编码	610031
网　　址	http://www.xnjdcbs.com
印　　刷	成都蜀通印务有限责任公司
成品尺寸	210 mm×285 mm
印　　张	12
字　　数	229 千字
版　　次	2014 年 9 月第 1 版
印　　次	2014 年 9 月第 1 次
书　　号	ISBN 978-7-5643-3364-5
定　　价	48.00 元

四川省住房和城乡建设厅
关于发布《四川省工程建设标准体系》的通知

川建标发〔2014〕377号

各市州住房城乡建设行政主管部门：

　　为确保科学、有序地推进我省工程建设标准化工作，制订符合我省实际需要的房屋建筑和市政基础设施建设标准，我厅组织科研院所、大专院校、设计、施工、行业协会等单位开展了《四川省工程建设标准体系》的编制工作。工程勘察测量与地基基础、建筑工程设计、建筑工程施工、建筑节能与绿色建筑、市政工程设计和市容环境卫生工程设计6个部分已编制完成，经广泛征求意见和组织专家审查，现予以发布。

四川省住房和城乡建设厅

2014 年 6 月 27 日

四川省工程建设标准体系

市政工程设计部分

编 委 会

编委会成员：殷时奎　　陈跃熙　　李彦春　　康景文　　王金雪

　　　　　　　吴　体　张　欣　牟　斌　清　沉

主编单位：中国市政工程西南设计研究总院有限公司

主要编写人员：李彦春　　罗万申　　赵远清　　侯雪鸿　　谢建鹤

　　　　　　　　冯　伟　韦建中　　边惠葵　　柳　华　　付忠志

　　　　　　　　张元鹏　　宋庆彦　　郭　捷

前　言

　　工程建设标准是从事工程建设活动的重要技术依据和准则，对贯彻落实国家技术经济政策、促进工程技术进步、规范建设市场秩序、确保工程质量安全、保护生态环境、维护公众利益以及实现最佳社会效益、经济效益、环境效益，都具有非常重要的作用。工程建设标准体系各标准之间存在着客观的内在联系，它们相互依存、相互制约、相互补充和衔接，构成一个科学的有机整体，建立和完善工程建设标准体系可以使工程建设标准结构优化、数量合理、全面覆盖、减少重复和矛盾，以达到最佳的标准化效果。

　　我省自开展工程建设标准化工作以来，在工程建设领域组织编写了大量的标准，较好地满足了工程建设活动的需要，在确保建设工程的质量和安全，促进我省工程建设领域的技术进步、保证公众利益、保护环境和资源等方面发挥了重要作用。随着我国经济不断发展，新技术、新材料、新工艺、新设备的大量涌现，迫切需要对工程建设标准进行不断补充和完善。面对新形势、新任务、新要求，为进一步加强我省工程建设标准化工作，需对现有的工程建设国家标准、行业标准和四川省工程建设地方标准进行梳理，制定今后一定时期四川省工程建设需要的地方标准，构建符合四川省实际情况的工程建设标准体系。为此，四川省住房和城乡建设厅组织开展了《四川省工程建设标准体系》的研究和编制工作，目前完成了房屋建筑和市政基础设施领域的工程勘察测量与建筑地基基础、建筑工程设计、建筑工程施工、建筑节能与绿色建筑、市政工程设计、市容环境卫生工程设计等六个部分的标准体系编制。

　　本部分标准体系为市政工程设计部分，针对我省工程建设发展的实际需要，在科学总结以往实践经验的基础上，全面分析了市政工程设计领域的国内外技术和标准发展现状及趋势，提出了符合我省需要的工程建设地方标准体系，是目前和今后一段时期内我省市政工程设计领域标准制定、修订和管理工作的基本依据。同时，我们出版该部分标准体系也供相关人员学习参考。

本部分标准体系编制截止于 2014 年 5 月 31 日，共收录现行、在编工程建设国家标准、行业标准、四川省工程建设地方标准及待编四川省工程建设地方标准 565 个。欢迎社会各界对四川省工程建设现行地方标准提出修订意见和建议，积极参与在编或待编地方标准的制定工作。对本部分标准体系如有修改完善的意见和建议，请将有关资料和建议寄送四川省住房和城乡建设厅标准定额处（地址：成都市人民南路四段 36 号，邮政编码：610041，联系电话：028-85568204）。

目　　录

第1章 编制说明

1.1 标准体系总体构成

本部分标准体系分为以下 10 个市政工程类专业：公共交通专业、道路桥梁专业、给水专业、排水专业、燃气专业、暖通专业、建筑专业、结构专业、电气专业、自控专业。

各专业标准体系包括以下四个方面的内容：

1. 综　述

在调研报告基础上，归纳总结要点，包括国内外技术发展情况、国内外标准情况，结合我省气候、地理和技术等特点分析该专业标准在我省实施的现状、适用性、可操作性、存在的问题及意见、建议。

2. 标准体系框图

各专业的标准分体系，按照各自学科或专业内涵排列，在体系框图中竖向分为三层，第一层为基础标准，第二层为通用标准，第三层为专用标准。上层标准的内容包括了其以下各层标准的某个或某方面的共性技术要求，并指导其下各层标准，共同成为综合标准的技术支撑。

3. 标准体系表

标准体系表是在标准体系框图的基础上，按照标准内在联系排列起来的图表，标准体系表的栏目包括：标准的体系编码、标准名称、标准编号、编制出版状况和备注。

4. 项目说明

项目说明重点应说明各项标准的适用范围、主要内容与相关标准的关系等，待编四川省工程建设地方标准主要说明待编的原因和理由。

1.2 标准体系编码说明

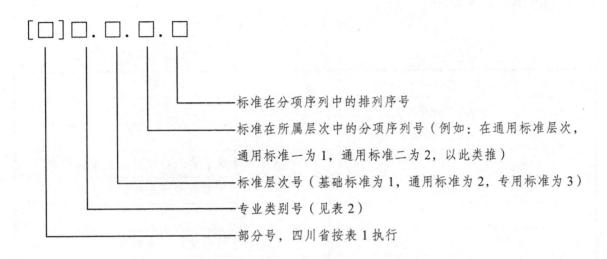

标准在分项序列中的排列序号

标准在所属层次中的分项序列号（例如：在通用标准层次，通用标准一为1，通用标准二为2，以此类推）

标准层次号（基础标准为1，通用标准为2，专用标准为3）

专业类别号（见表2）

部分号，四川省按表1执行

表1 四川省工程建设标准体系部分号

部分名称	部分号
工程勘察测量与地基基础	1
建筑工程设计	2
建筑工程施工	3
建筑节能与绿色建筑	4
市政工程设计	5
市容环境卫生工程设计	6

表2 本部分标准体系专业类别号

专业类别号	专业类别
1	公共交通专业
2	道路桥梁专业
3	给水专业
4	排水专业
5	燃气专业
6	暖通专业
7	建筑专业
8	结构专业
9	电气专业
10	自控专业

1.3 标准代号说明

序号	标准代号	说明
一	国家标准	
1	GB、GB/T	国家标准
2	GBJ	原国家基本建设委员会审批、发布的标准
3	GBZ	国家职业卫生标准
二	行业标准	
4	CJ、CJ/T、CJJ、CJJ/T	城镇建设行业标准
5	HJ、HJ/T、	环境保护行业标准
6	JGJ、JGJ/T	建设工业行业标准
7	DL、DL/T	电力行业标准
8	JTJ、JTG、JTG/T	交通运输行业标准
9	YS	有色冶金行业标准
10	SY、SY/T	石油天然气行业标准
11	HGJ	化学工业行业标准
12	TSG	特种设备规范
三	地方标准	
13	DB 51、DB51/T、DBJ51、DBJ51/T	四川省工程建设地方标准

注：表中标准代号带分母"T"的均为推荐性标准。

4

1.4 标准数量汇总

序号	分类名称	现行			在编			待编			分类小计
		国标	行标	地标	国标	行标	地标	国标	行标	地标	
1	公共交通专业	5	6		1	1				29	42
2	道路桥梁专业	9	18			1				13	41
3	给水专业	32	15	2	2	7				2	60
4	排水专业	14	27		3	6	1			6	57
5	燃气专业	29	23	3	2	1					58
6	暖通专业	20	11								31
7	建筑专业	19	9	1	1						30
8	结构专业	71	37	4	2		2			28	144
9	电气专业	58	14	1							73
10	自控专业	27	2								29
	合　计	284	162	11	11	16	3	—	—	78	565

第2章 标准体系

2.1 公共交通专业标准体系

2.1.1 综 述

城市是民众居住集中和社会活动繁忙的地区，随着国民经济的不断发展，城市建设规模逐步扩大，人口的增加、居民出行和物质交流频繁，必然要求城市交通具备相应的畅通性和快速可达性。在今后相当长的一段时间里，公共交通仍然是我国人民尤其是城市居民首选的出行方式，也是解决城市交通拥堵的主要手段。为满足现代城市经济发展的需要，城市交通正在从传统的单一道路方式快速地向多元化、立体化交通方式并存的局面发展，传统的公共交通客运方式也在日新月异地革新。制定和改进相应的工程技术标准，是当前面临的一项重大任务，安排得当，将能促进现代城市交通的健康发展，适应国际同行业的公平竞争。而公共交通工程技术标准体系表的编制，则是今后制定和完善各项标准的纲领，也是为公交行业所需标准理顺关系，指明了制定标准的范围。

2.1.1.1 国内外公共交通技术发展简况

1. 国内技术状况

我国城镇公共交通的发展已近百年的历史，但都以公共汽车为主，到 1908 年我国第一条有轨电车线路在上海建成通车，在随后的年代里，相继建成有轨电车线路的有大连、北京、天津、沈阳、哈尔滨、长春和鞍山等城市，有的山城还修建了客运缆车，这些交通工具在我国城市的公共交通中一度发挥了有效的骨干作用。

随着汽车工业的迅速发展，大量汽车涌上街头，城市道路面积明显不够，于是世界各大城市纷纷拆除有轨电车线路，供汽车使用。这也影响到我国有关城市，到 20 世纪 50 年代末期，我国的有轨电车也已拆除得所剩无几，只有大连、长春和鞍山这三座城市还保留下了仅有的有轨电车线路。与此同时，公共交通则以采用大型公用汽车为主，并大力发展了无轨电车和出租汽车交通。近年来，随着新型城镇化建设的进程、有轨电车的国产化以及系统制式的改进，大连、长春、上海、天津等城市又发展了现代有轨电车作为公共交通系统的组成部分。目前，成都、苏州、南京、武汉、沈阳、佛山、珠海等多个城市正在准备建设现代有轨电车线路。

我国城市的交通困扰问题，早已亟待解决，各地政府除了加强城市道路基础设施的建设外，都下力量进行改善公共交通的现状。如生产大型空调公共汽车和改造老式有轨电车并采用现代化管理方式，在旅游山区大力修筑客运缆车，在滨海城市修建客运码头。一些经济条件允许的大城市，发展了现代高新技术的地铁项目，推动了我国城市轨道交通向多元化、现代化方向发展，有的城市修建了轻轨线路，有的城市还修建了技术独特的单轨交通和商业性的磁悬浮系统，轨道交通建设方兴未艾。

进入 21 世纪，我国城镇公共交通的建设事业，还将得到长足的发展，现代高新技术的应用也将与日俱增。但是，相应的各项技术标准尤其是与城市轨道交通相关的标准很欠缺，有待组织力量，尽快编制和健全，以满足我国公共交通事业的发展和市场经济的需要。

2. 国外技术状况

由于汽车数量的过度增长，西方国家的小汽车已发展到泛滥成灾的程度，造成城市交通不断产生严重困难的局面，道路堵塞、行车速度下降、空气污染、噪声严重和交通事故频繁的现象已比比皆是。以致西方国家在重点发展地下铁道事业之外，还不断寻求开拓地面空间的专用公共交通方式，在改进老式有轨电车的基础上，开创了现代轻轨交通的客运系统，同时还开发了多种形式的轨道交通客运方式，如：线性电机车系统、用橡胶轮承重的新交通系统、单轨交通系统、架空索道、缆车轨道系统、区域快速轨道系统等，以满足现代城市多元化客运交通的需求。

2.1.1.2 国内外技术标准情况

1. 国内专业技术标准现状

我国城市公共交通发展历史虽然很久，但长期以来都是以公共汽车和无轨电车为主体，技术较为单一，工程涉及面很窄，组成客运系统的专业门类不多，因此，相应的技术标准还不够健全，已有的标准由于编制年代较早，随着高新技术的不断应用，亟待修编和补充新的专业技术标准。

至于城市轨道交通领域，我国建设起步较晚，20 世纪 70 年代北京地铁方始建成，各项技术标准都很欠缺。目前，仅有相关城市轨道交通若干本标准和规范，经使用多年后也跟不上高新技术发展的需要而正在修订。

现代城市公共交通专业门类众多，我国城市由于经济实力差异，不可能都修建地铁，其他更为经济实用的交通方式，将是我国大、中城市选用的目标，故大量的技术标准，急需进行编制。

2. 国外技术标准发展趋势

国外城市公共交通发展历史悠久，总结了大量技术理论和管理经验，建立了较完整的各类技术标准体系，有的国家对公共交通行业都制定了法律性的标准，也就是具有法律作用的法规，其次需要业主遵循或参考的标准，才是大量不同专业的规定、标准、原则和建议。

例如：德国政府在城市交通建设方面就有各种法规，只有遵照法规行事，项目才能成立，还可得到政府一定比例的资金补助。

这些法规有《地方交通财政资助法 GVFG》，此项规定可以用矿物油的所得税来改善各地方的交通状况，尤其对发展城市轨道交通，意义更为重要。《近程公交财政区域分配法 RVFG》是为保证城市居民更好地利用公交系统而制定的法规，根据该法规定，每年都有固定的资金分配给各州和地区，用于兴建或改建近程公交系统，另外还有《铁路与公路交叉法 EkrG》《铁路扩建法 BschwAG》《客运法规 PbefG》等。

当建设项目符合有关法规的规定后，在建设项目实施过程中，还应遵照和参照有关标准和原则执行，如国家标准-DIN、国际标准-ISO、建设和运营规程-BOStrab、德国工程师协会的标准和建议-VDI 等。其他国家如法国、日本等，对公共交通行业，都有类似的法律法规以及相应的技术标准和原则要求。由于现代高新技术的飞速发展，各行各业都在充分利用这些新成就，城市公共交通也不例外，因此，结合新技术含量的现代公共交通技术标准，也都做了很多改进、修订和新编工作，其成果均可作为我国制定相应标准参考和借鉴之用。

2.1.1.3 工程技术标准体系

1. 现行标准存在的问题

我国现有城镇公共交通标准体系覆盖范围虽然已包含了公共汽车、无轨电车、有轨电车、轮渡、索道和地铁等内容，但已颁布的标准却很少，不能满足现代城市公共交通发展的需要。尤其是当前城市轨道交通的迅速发展，亟待编制相应的各项技术标准，而这些标准，目前尚存在空白。

现有的公交标准体系存在的另一问题，是工程技术标准与产品标准混编在一起，形成技术分类含糊，标准的服务目标准确性不够，应进行全面修订，将工程标准体系与产品标准体系分开编著，以保证标准服务目标的准确性。

2. 本标准体系的特点

新订城镇公共交通标准体系，是以工程技术标准为主体目标的标准系列，在原有公交标准体系表的基础上，删除了有关产品技术标准的内容，并增列和完善了不同层次工程标准的范围，如在第一层次的基础标准内，增列了"分类标准"和"限界标准"两项内容。

本标准体系充分考虑了现代城市公共交通的多种类型，虽然有的类型国内尚无先例，但国际上都已技术成熟，并投入了商业运营，这些类型也是我国城市不断探索和努力开拓的目标。为适应现代城市公共交通的发展需求，新订标准体系还尽可能地纳入了现代高新技术在公共交通领域里的应用成果，使其同步形成标准，以推动该行业技术的不断进步。

本标准体系本着精练而数量规模适当的原则，覆盖尽可能多的专业技术，做到简洁明了、疏而不漏，按照共性提升的思想在第二层次的通用标准内，只列了4个门类，将专用标准"地铁工程、轻轨交通、区域快速轨道系统、单轨交通"等四项内容中的共用部分提升至城市轨道交通工程通用标准中，达到以最小的资源投入获得最大标准化效果的目的。

出租汽车客运工具虽然也是公共交通的类型之一，但其不直接涉及专用工程技术问题，故本标准体系内未作安排。

本标准体系总计42项，其中基础标准10项，通用标准17项，专用标准15项；现行标准11项，在编标准2项，待编标准29项。本标准体系是开放性的，技术标准的名称、内容和数量均可根据需要而适时调整。

2.1.2 公共交通专业标准体系框图

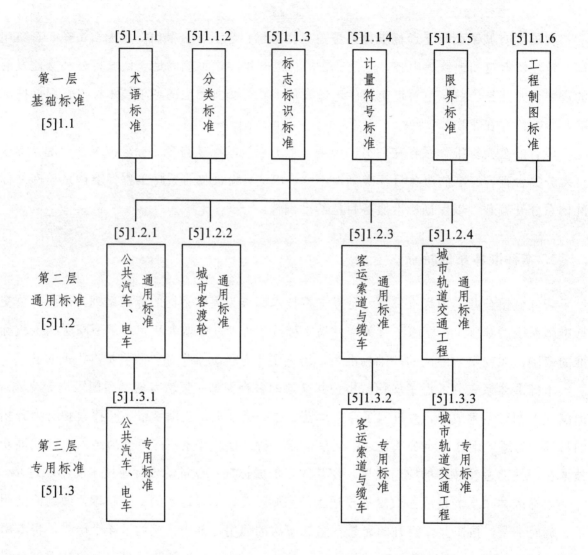

2.1.3 公共交通专业标准体系表

体系编号	标准名称	标准编号	现行	在编	待编	备注
			编制出版状况			
[5]1.1	**基础标准**					
[5]1.1.1	**术语标准**					
[5]1.1.1.1	城市公共交通工程术语标准	CJJ/T 119-2008	√			
[5]1.1.2	**分类标准**					
[5]1.1.2.1	城市公共交通分类标准	CJJ/T 114-2007	√			
[5]1.1.3	**标志标识标准**					
[5]1.1.3.1	城市公共交通标志	GB 5845-2008	√			
[5]1.1.4	**计量符号标准**					
[5]1.1.4.1	城市公共交通计量符号				√	地标
[5]1.1.5	**限界标准**					
[5]1.1.5.1	地铁限界标准	CJJ 96-2003	√			
[5]1.1.5.2	单轨交通限界标准				√	地标
[5]1.1.6	**工程制图标准**					
[5]1.1.6.1	公共汽车、电车工程制图标准				√	地标
[5]1.1.6.2	城市客渡轮工程制图标准				√	地标
[5]1.1.6.3	客运索道与缆车工程制图标准				√	地标
[5]1.1.6.4	城市轨道交通工程制图标准				√	地标
[5]1.2	**通用标准**					
[5]1.2.1	**公共汽车、电车通用标准**					
[5]1.2.1.1	快速公共汽车交通系统设计规范	CJJ 136-2010	√			
[5]1.2.1.2	城市有轨电车工程设计规范			√		行标
[5]1.2.1.3	城市公共交通站、场、厂设计规范				√	地标

体系编号	标准名称	标准编号	编制出版状况			备注
			现行	在编	待编	
[5]1.2.1.4	城市公共交通站、场、厂施工及验收规范				√	地标
[5]1.2.1.5	公交汽车、电车系统运营管理规范				√	地标
[5]1.2.2	**城市客渡轮通用标准**					
[5]1.2.2.1	城市客渡轮码头设计规范				√	地标
[5]1.2.2.2	城市客渡轮码头施工及验收规范				√	地标
[5]1.2.2.3	城市客渡轮系统运营管理规范				√	地标
[5]1.2.3	**客运索道与缆车通用标准**					
[5]1.2.3.1	客运索道与缆车工程设计规范				√	地标
[5]1.2.3.2	客运索道与缆车工程施工及验收规范				√	地标
[5]1.2.3.3	客运索道与缆车系统运营管理规范				√	地标
[5]1.2.4	**城市轨道交通工程通用标准**					
[5]1.2.4.1	城市轨道交通结构抗震设计规范			√		国标
[5]1.2.4.2	城市轨道交通工程项目建设标准				√	地标
[5]1.2.4.3	城市轨道交通工程高架结构设计荷载规范				√	地标
[5]1.2.4.4	城市轨道交通工程结构耐久性技术规范				√	地标
[5]1.2.4.5	城市轨道交通工程事故防灾报警系统技术规范				√	地标
[5]1.2.4.6	城市轨道交通工程运营管理规范				√	地标
[5]1.3	**专用标准**					
[5]1.3.1	**公共汽车、电车专用标准**					
[5]1.3.1.1	无轨电车牵引供电网工程技术规范	CJJ 72-97	√			修订
[5]1.3.1.2	公共汽电车行车监控及集中调度系统技术规程	CJJ/T 178-2012	√			
[5]1.3.2	**客运索道与缆车专用标准**					
[5]1.3.2.1	客运索道与缆车工程事故防灾报警与救援技术规程				√	地标

体系编号	标准名称	标准编号	编制出版状况			备注
			现行	在编	待编	
[5]1.3.3	**城市轨道交通工程专用标准**					
[5]1.3.3.1	地铁设计规范	GB 50157-2003	√			
[5]1.3.3.2	地下铁道工程施工及验收规范	GB 50299-1999	√			修订
[5]1.3.3.3	跨座式单轨交通设计规范	GB 50458-2008	√			
[5]1.3.3.4	跨座式单轨交通施工及验收规范	GB 50614-2010	√			
[5]1.3.3.5	地铁通风与空调系统工程技术规程				√	地标
[5]1.3.3.6	地铁车场与维修基地工程技术规程				√	地标
[5]1.3.3.7	轻轨交通工程设计规程				√	地标
[5]1.3.3.8	轻轨交通工程施工及验收规程				√	地标
[5]1.3.3.9	轻轨交通共用路面工程技术规程				√	地标
[5]1.3.3.10	轻轨交通车场与维修基地工程技术规程				√	地标
[5]1.3.3.11	单轨交通车场与维修基地工程技术规程				√	地标
[5]1.3.3.12	区域快速轨道系统工程技术规程				√	地标

2.1.4 公共交通专业标准体系项目说明

[5]1.1 基础标准

[5]1.1.1 术语标准

[5]1.1.1.1 《城市公共交通工程术语标准》（CJJ/T 119-2008）

根据不同类型公共交通的特征，制订相应的术语标准，确定常用术语的定义、特点和名词解释，以便对不同类型公共交通提出共性的专业技术用语及独特的专业技术用语含义，制订统一认识的标准，按现有城市公共交通 6 种类型，采取综合及分章编写方式编制。

[5]1.1.2 分类标准

[5]1.1.2.1 《城市公共交通分类标准》（CJJ/T 114-2007）

本标准的主要技术内容是城市公共交通的分类，包括城市道路公共交通、城市轨道交通、城市水上公共交通及城市其他公共交通方式。

[5]1.1.3 标志标识标准

[5]1.1.3.1 《城市公共交通标志》（GB 5845-2008）

根据城市公共交通的类别划分，对不同类别公交方式特征的各种标志进行统一制订，以利加强管理和服务。

[5]1.1.4 计量符号标准

[5]1.1.4.1 《城市公共交通计量符号》

待编四川省工程建设地方标准。主要根据本行业特征，尤其是城市轨道交通中的特殊情况和技术条件，制订通用的及其他行业没有的计量符号。

[5]1.1.5 限界标准

[5]1.1.5.1 《地铁限界标准》（CJJ 96-2003）

制订标准轨距系列的地铁 A 型车及 B 型车的车辆限界、设备限界和建筑限界。本标准适用于运行在隧道内、高架线（或地面线），车辆最高速度为 80 km/h 的钢轮钢轨、标准轨距系列的地铁 A 型车及 B 型车车辆。

[5]1.1.5.2《单轨交通限界标准》

待编四川省工程建设地方标准。制订跨座式、悬挂式、侧挂式等单轨车型的车辆限界、设备限界和建筑限界。

[5]1.1.6 工程制图标准

[5]1.1.6.1 《公共汽车、电车工程制图标准》

待编四川省工程建设地方标准。为统一公共汽、电车交通工程设计图纸规格，便于识别和管理，需要制订相应的制图标准和图例，明确工程设计图纸的标准尺寸、尺寸模数、特殊图幅尺寸的规定、定型的图例以及线条粗细尺寸的要求。

[5]1.1.6.2《城市客渡轮工程制图标准》

待编四川省工程建设地方标准。为统一客渡轮交通工程设计图纸规格，便于识别和管理，需要制订相应的制图标准和图例，明确工程设计图纸的标准尺寸、尺寸模数、特殊图幅尺寸的规定、定型的图例以及线条粗细尺寸的要求。

[5]1.1.6.3《客运索道与缆车工程制图标准》

待编四川省工程建设地方标准。为统一索道与缆车交通工程设计图纸规格，便于识别和管理，需要制订相应的制图标准和图例，明确工程设计图纸的标准尺寸、尺寸模数、特殊图幅尺寸的规定、定型的图例以及线条粗细尺寸的要求。

[5]1.1.6.4《城市轨道交通工程制图标准》

待编四川省工程建设地方标准。为统一城市轨道交通（地铁、轻轨、区域快速轨道系统、单轨）工程设计图纸规格，便于识别和管理，需要制订相应的制图标准和图例，明确工程设计图纸的标准尺寸、尺寸模数、特殊图幅尺寸的规定、定型的图例以及线条粗细尺寸的要求。

[5]1.2 通用标准

[5]1.2.1 公共汽车、电车通用标准

[5]1.2.1.1《快速公共汽车交通系统设计规范》（CJJ 136-2010）

本规范适用于我国城市公共汽车快速公交系统的设计。规范对城市公共汽车快速公交系统的运营设计、车道设计、车站及停车场布置、调度与控制、运营车辆、运营设备等方面制订了详细规定。

[5]1.2.1.2《城市有轨电车工程设计规范》

在编城镇建设行业标准。

[5]1.2.1.3《城市公共交通站、场、厂设计规范》

待编四川省工程建设地方标准。本规范适用于我国城市公共汽车、无轨电车和出租汽车新建、扩建和改建的站、场、厂，有轨电车、索道缆车的站、场、厂设计可参照执行。按公交汽、电车类型的共同特点，提出公共汽车和无轨电车站点的布局原则及枢纽站、调度站、首末站、中途站的设计要点，停车场和修理厂、保养厂的用地布置规定以及工程规模设计控制要求。

[5]1.2.1.4《城市公共交通站、场、厂施工及验收规范》

待编四川省工程建设地方标准。按公交汽、电车类型的共同特点，提出公共汽车和无轨电车站、场、厂施工程序、注意事项、施工组织方案要点，制订相应工程施工误差标准、隐蔽工程验收程序及质量控制要点，一般工程验收及测量等规定。

[5]1.2.1.5《公交汽车、电车系统运营管理规范》

待编四川省工程建设地方标准。按公交汽、电车类型的共同特点，针对公共汽车和无轨电车的具体条件，需要制订的设备运行与维护技术法则、安全保障措施、抢险救援技术措施以及运营监督等统一标准。

[5]1.2.2 城市客渡轮通用标准

[5]1.2.2.1《城市客渡轮码头设计规范》

待编四川省工程建设地方标准。根据城市客渡轮的要求，制订码头工程的等级标准、设计规模及布局、设计程序及方法以及客运码头附属工程等在设计方面的统一标准。

[5]1.2.2.2《城市客渡轮码头施工及验收规范》

待编四川省工程建设地方标准。根据城市客渡轮的特点，制订码头工程的施工组织方案、主体工程的施工要求，水下及隐蔽工程的施工方法及规定，施工规模控制原则等要求以及提出相应工程的设计与施工误差标准，隐藏工程验收程序及控制要点，一般工程验收测量、试验等规定，制订码头工程在施工及验收方面的统一标准。

[5]1.2.2.3《城市客渡轮系统运营管理规范》

待编四川省工程建设地方标准。根据城市客渡轮的要求，需要制订设备运行与维护技术法则、安全保障措施、抢险救援技术措施以及运营监督等统一标准。

[5]1.2.3 客运索道与缆车通用标准

[5]1.2.3.1《客运索道与缆车工程设计规范》

待编四川省工程建设地方标准。本规范共分9章，主要内容包含索道设计的基本规定、双线循环式货运索道、单线循环式货运索道、双线往复式客运索道、单线循环式客运索道等工程的设计、施工和验收方面的规定。

[5]1.2.3.2《客运索道与缆车工程施工及验收规范》

待编四川省工程建设地方标准。本标准规定了客运地面缆车的设计、制造、安装、运行等方面的安全要求，适用于营业性客运地面缆车，不适用于非营业性地面缆车以及码头、矿山、井下专业用途的通勤缆车。

[5]1.2.3.3《客运索道与缆车系统运营管理规范》

待编四川省工程建设地方标准。根据城市客运索道和缆车的特点，需要制订设备运行与维护技术法、安全保障措施、抢险救援技术措施以及运营监督等统一标准。

[5]1.2.4 城市轨道交通工程通用标准

[5]1.2.4.1《城市轨道交通结构抗震设计规范》

在编国家标准。

[5]1.2.4.2《城市轨道交通工程项目建设标准》

待编四川省工程建设地方标准。本建设标准适用于城市轨道交通的高运量、大运量、中运量系统、钢轮钢轨系统的新建项目。市域轨道交通系统、有轨电车系统、跨座式单轨等轨道系统，既有线的改建、扩建工程可参照执行。标准对建设规模、车辆限界、运营管理、车站规模、机电系统及设备、配套工程等作了规定。

[5]1.2.4.3《城市轨道交通工程高架结构设计荷载规范》

待编四川省工程建设地方标准。鉴于轨道交通高架结构的承载能力与条件，具有一定的共性，其差异之处，仅在于不同车辆类型的基本可变荷载（活荷载）。为此纳入城市轨道交通系列，编制一本综合性的荷载标准已能满足需要，本标准应适用于地铁、轻轨交通、区域快速轨道系统、单轨交通、线性电机列车系统的高架承载结构。主要内容是提出高架结构的设计荷载分类与组合，永久荷载、偶然荷载及可变荷载的计算方法，跨径适用范围等技术要求。

[5]1.2.4.4《城市轨道交通工程结构耐久性技术规范》

待编四川省工程建设地方标准。城市轨道交通工程投资巨大，主体结构的设计使用年限应达到 100 年以上。对城市轨道交通工程结构，尤其是地铁结构的耐久性设计，急需制订相应的结构耐久性标准，以保证工程质量。主要内容：结构耐久性设计的基本原则及计算方法，建筑材料及结构构造的特殊要求，结构裂缝宽度的限制指标及控制技术措施，施工技术要求，以及使用期间维护与检测技术规定等。

[5]1.2.4.5 《城市轨道交通工程事故防灾报警系统技术规范》

待编四川省工程建设地方标准。防灾报警系统是保证乘客安全、减少事故灾害损失的自动探测手段，是城市轨道系统保障安全运转的重要组成部分。应制订防灾报警系统的合理布局设计要求、各类探测器的可靠性指标、中央控制系统及现场控制器的技术准则等技术标准，适用范围包括地铁、轻轨、区域快速轨道系统、单轨交通及线性电机列车等类型。

[5]1.2.4.6 《城市轨道交通工程运营管理规范》

待编四川省工程建设地方标准。本规范适用于城市轨道交通的运营及相关的管理活动。包括运营管理、安全管理、应急管理、法律责任等内容。

[5]1.3 专用标准

[5]1.3.1 公共汽车、电车专用标准

[5]1.3.1.1 《无轨电车牵引供电网工程技术规范》（CJJ 72-97）

根据行车线路的街道环境条件，提出架空线网布局设计要求，支承结构技术规定，与城市其他设施相邻的抗干扰技术规定。制订合理的施工组织方案、无干扰施工方法和技术规则、施工误差标准、质量检验与测试规定、工程验收准则等问题，目前正在原标准《无轨电车供电线网工程施工及验收规范》（CJJ 72-97）的基础上修订。

[5]1.3.1.2 《公共汽电车行车监控及集中调度系统技术规程》（CJJ/T 178-2012）

本规范适用于公共汽电车行车监控及集中调度系统的规划、设计、施工、验收和运营管理。

[5]1.3.2 客运索道与缆车专用标准

[5]1.3.2.1 《客运索道与缆车工程事故防灾报警与救援技术规程》

待编四川省工程建设地方标准。对城市索道和缆车系统，提出在不同事故灾害情况下，防灾报警系统的设计要求、救援技术措施及防范设施等要求。

[5]1.3.3 城市轨道交通工程专用标准

[5]1.3.3.1 《地铁设计规范》（GB 50157-2003）

本规范适用于采用钢轮钢轨系统的地铁新建工程设计。改建、扩建和最高运行速度超过 100 km/h 的地铁工程，以及其他类型的城市轨道交通相似工程的设计，可参照执行。主要包括线路、路基、车站建筑、地下结构、高架结构、防水、通风、给水、排水、供电、信号、通信、防灾报警、监控、运营控制及附属工程等内容。

[5]1.3.3.2《地下铁道工程施工及验收规范》（GB 50299-1999）

根据地铁自身的特点，参照国内外先进的技术和经验，制订地铁工程系统的施工组织方案要求、施工程序、各种类型的隧道施工方法、隐蔽工程施工质量要求、一般工程施工要点等。提出各专业工程质量标准指标，工程施工误差标准、总体工程及分项工程的检测方法与指标、地铁限界验收方法，系统联动试验与单体试验要求，工程检测试验重点项目及控制指标，隐蔽工程施工质量要求等。目前地铁施工规范 GB 50299-1999 正在修编。

[5]1.3.3.3《跨座式单轨交通设计规范》（GB 50458-2008）

本规范适用于中运量城市轨道交通以高架为主的跨座式单轨交通新建工程的设计。主要包括线路、车站建筑、地下结构、高架结构、防水、通风、给水、排水、供电、信号、通信、防灾报警、监控、运营控制及附属工程等内容。

[5]1.3.3.4《跨座式单轨交通施工及验收规范》（GB 50614-2010）

本规范适用于新建、扩建跨座式单轨交通工程的施工与质量验收。根据单轨交通的特点，主要制订了各子项工程的施工方法、材料要求、质量控制标准、允许误差指标、检测和试验方法等内容。

[5]1.3.3.5《地铁通风与空调系统工程技术规程》

待编四川省工程建设地方标准。根据地铁所处地下环境和客流条件，提出在季节变化情况下，需要通风量指标及通风工程技术措施的规定，供暖与制冷控制指标，及技术保障条件等技术要求。

[5]1.3.3.6《地铁车场与维修基地工程技术规程》

待编四川省工程建设地方标准。为保证地铁系统的正常运营，车场与维修基地的合理设置是影响深远的重大因素，对基地规模标准、基地设置条件、合理检修制度和检修设备配置比重等作出具体的规定，包括基地总体布局方案设计要求及其用地面积指标、基地管理机构设置范围、检修工艺流程及其用房面积指标、车辆停放场地优化布局设计原则及用地面积指标等，制订统一的技术标准。

[5]1.3.3.7《轻轨交通工程设计规程》

待编四川省工程建设地方标准。轻轨及有轨电车均为钢轮钢轨走行系统，与地铁有很多相似之处，技术标准可以借鉴，但自身特点也很突出，如运能较小、主要在城市地面环境中运行、具有适应小半径大坡度的行车能力等，主要内容为：组成轻轨交通系统的主要专业及通用条件，总体布局及线路工程设计方法与规定，车站类型及设计要求，专用与混用地面轨道线路设计方法与要求，平面交叉道口设计规定，高架线路结构设计规定，轨道结构及道岔设计方法及规定，环境影响控制指标、杂散电流腐蚀防护技术等，以及相应的附属建筑物（变电站房、行车调度与监控专用房等）的设计要求，计算方法及控制指标等技术要求。

[5]1.3.3.8《轻轨交通工程施工及验收规程》

待编四川省工程建设地方标准。轻轨交通所处城市环境条件复杂，施工要求严格，根据轻轨工程特点，其主要内容为：总体布局的施工组织方案、线路工程施工方法、分项工程的施工程序、施工质量要求等，重点提出工程质量标准参数、允许误差指标、检测和试验方法等。

[5]1.3.3.9《轻轨交通共用路面工程技术规程》

待编四川省工程建设地方标准。轻轨和有轨电车在城市道路运行时，应不影响道路的原有功能，应对轨道路基、轨道结构、轨顶与路面关系等问题，制订专用的技术标准。

[5]1.3.3.10《轻轨交通车场与维修基地工程技术规程》

待编四川省工程建设地方标准。为保证轻轨和有轨电车的正常运营，车场与维修基地的合理设置，对基地规模标准、基地设置条件、合理检修制度和检修设备配置比重等问题，应有明确的规定，主要内容为：基地总体布局方案设计要求及其用地面积指标，基地管理机构设置内容及范围，检修工艺流程及其用房配置面积指标，车辆停放场地优化布局设计原则及用地面积指标等技术要求。

[5]1.3.3.11《单轨交通车场与维修基地工程技术规程》

待编四川省工程建设地方标准。跨座式、悬挂式和侧挂式单轨交通的车场与维修基地，规模大小与合理设置是影响正常运营和建设造价的重大因素，对基地规模标准、基地设置条件、合理检修制度和检修设备配置比重等，应有具体的规定，重点应制订基地总体布局方案设计要求及其用地面积指标，基地管理机构设置内容及范围，检修工艺流程及其用房配置面积指标，车辆停放场地的优化布局设计原则及用地面积指标等统一的技术要求。

[5]1.3.3.12《区域快速轨道系统工程技术规程》

待编四川省工程建设地方标准。区域快速轨道系统工程技术标准，自身特点很突出，具有运能较大，车速很快（约 120 km/h），站间距较长，轨道结构及道岔设计方法、环境影响控制指标要求严格等特点。主要内容为：组成区域快速轨道系统的主要专业及通用条件，总体布局及专用线路工程设计方法与规定，车站类型及设计要求，高架线路结构设计规定，轨道结构及道岔设计方法及规定，环境影响控制指标以及杂散电流腐蚀防护技术等。

制订工程的施工组织方案要求，施工程序、施工方法的各种类型，隐蔽工程施工质量要求，一般工程施工要点等施工要求；重点提出工程质量标准参数、允许误差指标、检测和试验方法等技术要求。

2.2 道路桥梁专业标准体系

2.2.1 综 述

城镇道路桥梁工程是关于道路桥梁勘测、规划、设计、施工、验收、养护管理等的应用科学技术。它是受地理环境、水文、地质、气象以及社会经济等多种因素影响，需要满足交通安全、通畅、舒适、美观等多方面功能要求的标准化对象。道路桥梁工程标准是根据道路桥梁的分类及管理制定的。

道路桥梁工程标准主要包括城市、厂矿、居住小区道路工程、城市桥梁涵洞工程、隧道工程的设计、施工、验收标准，及与之相对应的质量检验评定标准、养护管理标准等。由于城市道路与公路在设计、施工、养护管理上有许多共同之处，且在两者连接过渡地段又具有两种属性，因而有些标准可相互通用，有些是统一的标准。

当前，公路工程标准应用面较广，体系较完善；城市道路工程标准尚待形成体系。

2.2.1.1 国内外专业技术发展简况

国民经济的快速发展、城市化进程的加快以及城镇基础设施建设的需求加大，促进和带动了专业技术的发展。快速路系统的建设、连续流的设计理念，改变了原用静止的几何设计控制交通运行的方式，发展为以车流状态控制道路几何设计，二者的协调统一，实现了动态交通的设计理念。高等级道路的建设还促进了沥青路面结构和抗滑表层技术，水泥混凝土路面修筑技术，土工织物铺筑技术，路面质量快速检测技术，改性沥青技术，大型筑路机械、检测设备、监测设备、通信技术等的发展。这些成果保证了建设速度和质量，同时也为今后智能化交通创造了良好条件。

城市桥梁工程在 20 世纪 70 年代之前主要是跨江河水系的桥梁；70 年代开始对铁路道路平交口进行改造，一些铁路枢纽型城市均开始修建道路铁路立交；70 年代末期，随着交通量的增长，大城市开始修建立交桥梁。80 年代开始，城市立交桥梁、高架桥梁的建设进入高速发展阶段，城市快速路线形的要求以及城市建设格局的现状，推动了立交桥梁结构设计技术、施工及养护管理技术的大步提高，预应力技术、钢结构、组合结构等各类技术不断发展完善，桥梁建设实现了技术性突破和跨越式发展；大跨径桥梁的建造技术有了突破性的进展，一批大跨度桥梁的建设使我国桥梁建设水平已跻身于世界先进行列。

在道路交通建设适应及促进城市经济发展的同时，也带来了城市环境与安全、耐久性、环境评价、景观协调等方面的问题，为实现可持续发展的战略，标准化工作应有所超前。

2.2.1.2 国内外技术标准情况

1. 国内技术标准现状

城镇道桥专业技术标准的制定始于 80 年代，到目前为止，共有标准总计 27 项，其中基础标准 2 项，通用标准 8 项，专用标准 17 项，未形成完整的工程技术标准体系。

2. 国外技术标准情况

相对来说，国外发达国家的技术标准体系比较完善，门类齐全，内容详尽，并在使用过程中定期修订，不断更新，适应技术发展的需求。国外标准在涉及人身安全、工程耐久性、对环境的影响等方面时，有详细的规定和措施。

2.2.1.3 工程技术标准体系

1. 现行标准存在的问题

现行标准还不完善，不能涵盖道路工程中多类标准化对象。现行《城市道路工程设计规范》中各章节涵盖了多个类别的标准化对象，随着社会和科学技术的发展，其中部分标准化对象已逐步发展为独立的分支，如道路绿化设计已形成《城市道路绿化规划与设计规范》，道路照明也由《城市道路照明设计标准》代替，城市快速路部分、道路平面交叉与立体交叉部分也被《城市快速路设计规程》及《城市道路交叉口设计规程》两项标准替代，已颁布实施的《城市道路路面设计规范》《城市道路路基设计规范》分别代替了《城市道路工程设计规范》的相应章节，现行《城市道路路线设计规范》则替代了有关道路分类，行车速度，平、纵、横有关技术指标。

随着一些新的工程技术专业的发展，新的标准化对象也应纳入体系表中，如道路工程施工监理、道路环境控制、安全等。为适应材料技术、设计技术、施工技术的发展，相关的专业技术标准有待补充。

在使用过程中，发现一些技术规范中存在标准不统一、个别标准比公路标准低的情况。

2. 本标准体系的特点

本标准体系考虑国内城镇道路标准的发展情况、四川省城镇道路建设情况，兼顾本行业及相关行业工程标准现状，结合国外标准模式，在 2002 年建设部标准体系的基础上进行调整后形成。

（1）标准体系框架。

随着工程监理工作的展开，工程监理标准正在逐步编制与完善，目前已有《建设工程监理规范》（GB 50319-2000）、《公路工程施工监理规范》（JTG G10-2006）以及一些地方标准。相应在第二层增加[5]2.2.4 "城镇道、桥、隧工程施工监理规范"通用标准。设计监理目前采用施工图审查的形式，待取得经验后再考虑是否有必要编制标准。

（2）专业基础标准。

在 2002 年建设部标准体系的基础上不作调整。

（3）通用标准。

随着现代城市道路交通科学进展及城市交通发展的需求，城市道路按现代交通流理论分为连续流交通和间断流交通两类不同运输特征的交通形式，道路工程标准体系将城市道路划分为两大类别，即城市快速路与一般城市道路。城市快速路是全立交、全部控制出入的连续流交通设施；一般城市道路是城市主、次干路及支路组成的间断流的交通设施。城市快速路与一般城市道路是两种截然不同的交通设施，在城市道路网中的功能亦不相同，它们构成了城市道路交通体系。因此，城镇道路体系在现有标准基础上进行了调整。

目前在城市道路改建及新建过程中，对建成区和计划开发地区的环境影响及评价问题的矛盾日益突出，道路及桥梁对城市总体环境的影响在建设过程中应予以考虑，因此增加一项"城市道路环境控制标准"，评价并控制道路建设对城市环境、环境空气、环境噪声、景观环境、生态环境等的影响。目前国内相关行业标准有《公路建设项目环境影响评价规范》（JTG B03-2006）、《公路环境保护设计规范》（JTG B04-2010），标准编制时应注重城市特点，特别是民居、学校、医院等敏感区域。

城镇道路安全性评价标准是开展道路安全审计工作制度化、规范化的重要条件，道路安全审计是有效预防和降低交通事故的重要手段。从 20 世纪 80 年代开始，欧美以及亚洲等发达国家已逐渐开展这项工作。国外研究表明，道路安全审计可有效预防交通事故、降低交通事故数量及严重程度，减少改建和管理费用，它贯穿工程建设规划、设计、施工及运行各个阶段。因此，体系表增列城镇道路工程安全性评价规范。

城镇桥梁通用标准拟由《城市桥梁设计规范》《城市桥梁抗震设计规范》《城市桥梁工程施工与质量验收规范》《城市桥梁养护技术规范》等组成。

（4）专用标准。

道路专用标准主要完善相应的施工与验收规范，统一施工与验收标准。

桥梁专用标准根据当前技术发展状况和需求，增加《曲线桥梁设计规程》《钢-混凝土组合梁桥设计技术规程》《城镇桥梁耐久性标准》和《城镇桥梁鉴定与加固技术规程》。

本标准体系表共列入标准 41 项，其中基础标准 3 项、通用标准 14 项、专用标准 24 项；其中现行标准 27 项、在编标准 1 项、待编标准 13 项。本标准体系是开放性的，技术标准的名称、内容的数量均可根据需要适时调整。

2.2.2 道路桥梁专业标准体系框图

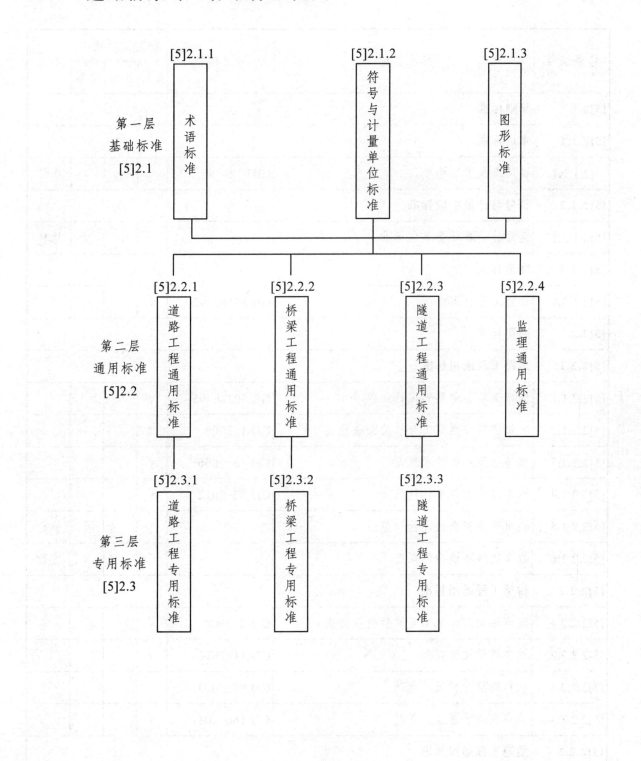

第一层
基础标准
[5]2.1

[5]2.1.1 术语标准
[5]2.1.2 符号与计量单位标准
[5]2.1.3 图形标准

第二层
通用标准
[5]2.2

[5]2.2.1 道路工程通用标准
[5]2.2.2 桥梁工程通用标准
[5]2.2.3 隧道工程通用标准
[5]2.2.4 监理通用标准

第三层
专用标准
[5]2.3

[5]2.3.1 道路工程专用标准
[5]2.3.2 桥梁工程专用标准
[5]2.3.3 隧道工程专用标准

2.2.3 道路桥梁专业标准体系表

体系编号	标准名称	标准编号	编制出版状况			备注
			现行	在编	待编	
[5]2.1	**基础标准**					
[5]2.1.1	**术语标准**					
[5]2.1.1.1	道路工程术语标准	GBJ 124-88	√			修订
[5]2.1.2	**符号与计量单位标准**					
[5]2.1.2.1	道路符号与计量单位标准				√	地标
[5]2.1.3	**图形标准**					
[5]2.1.3.1	道路工程制图标准	GB 50162-92	√			
[5]2.2	**通用标准**					
[5]2.2.1	**道路工程通用标准**					
[5]2.2.1.1	城市道路交通规划设计规范	GB 50220-95	√			
[5]2.2.1.2	城镇道路工程施工与质量验收规范	CJJ 1-2008	√			
[5]2.2.1.3	城镇道路养护技术规范	CJJ 36-2006	√			
[5]2.2.1.4	城市道路工程设计规范	CJJ 37-2012	√			
[5]2.2.1.5	城市道路安全性评价规范				√	地标
[5]2.2.1.6	城市道路环境控制规范				√	地标
[5]2.2.2	**桥梁工程通用标准**					
[5]2.2.2.1	城市桥梁工程施工与质量验收规范	CJJ 2-2008	√			
[5]2.2.2.2	城市桥梁设计规范	CJJ 11-2011	√			
[5]2.2.2.3	城市桥梁养护技术规范	CJJ 99-2003	√			
[5]2.2.2.4	城市桥梁抗震设计规范	CJJ 166-2011	√			
[5]2.2.3	**隧道工程通用标准**					
[5]2.2.3.1	城市隧道工程设计规范				√	地标

体系编号	标准名称	标准编号	编制出版状况			备注
			现行	在编	待编	
[5]2.2.3.2	城市隧道工程施工与质量验收规范				√	地标
[5]2.2.3.3	城市隧道养护技术规范				√	地标
[5]2.2.4	**监理通用标准**					
[5]2.2.4.1	城镇道、桥、隧工程施工监理规范				√	地标
[5]2.3	**专用标准**					
[5]2.3.1	**道路工程专用标准**					
[5]2.3.1.1	沥青路面施工及验收规范	GB 50092-96	√			待修编
[5]2.3.1.2	城市道路交通设施设计规范	GB 50688-2011	√			
[5]2.3.1.3	无障碍设计规范	GB 50763-2012	√			
[5]2.3.1.4	厂矿道路设计规范	GBJ 22-87	√			修订
[5]2.3.1.5	水泥混凝土路面施工及验收规范	GBJ 97-87	√			待修编
[5]2.3.1.6	城市道路路基工程施工及验收规范	CJJ 44-91	√			待修编
[5]2.3.1.7	城市快速路设计规程	CJJ 129-2009	√			
[5]2.3.1.8	城市道路交叉口设计规程	CJJ 152-2010	√			
[5]2.3.1.9	城镇道路路面设计规范	CJJ 169-2012	√			
[5]2.3.1.10	城市道路路线设计规范	CJJ 193-2012	√			
[5]2.3.1.11	城市道路路基设计规范	CJJ 194-2013	√			
[5]2.3.1.12	城市道路路面基层施工及验收规范				√	地标
[5]2.3.1.13	城市道路人行道施工与验收规范				√	地标
[5]2.3.2	**桥梁工程专用标准**					
[5]2.3.2.1	城市人行天桥与人行地道技术规范	CJJ 69-95	√			
[5]2.3.2.2	城镇地道桥顶进施工及验收规程	CJJ 74-99	√			
[5]2.3.2.3	预应力混凝土桥梁预制节段逐跨拼装施工技术规程	CJJ/T 111-2006	√			
[5]2.3.2.4	城市桥梁桥面防水工程技术规程	CJJ 139-2010	√			

体系编号	标准名称	标准编号	编制出版状况			备注
			现行	在编	待编	
[5]2.3.2.5	城市道路与轨道交通合建桥梁设计规范			√		行标
[5]2.3.2.6	钢-混凝土组合桥梁设计规程				√	地标
[5]2.3.2.7	曲线桥梁设计规程				√	地标
[5]2.3.2.8	城镇桥梁耐久性标准				√	地标
[5]2.3.2.9	城镇桥梁鉴定与加固技术规程				√	地标
[5]2.3.3	**隧道工程专用标准**					
[5]2.3.3.1	盾构法隧道施工与验收规范	GB 50446-2008	√			
[5]2.3.3.2	盾构隧道管片质量检测技术标准	CJJ/T 164-2011	√			

2.2.4 道路桥梁专业标准体系项目说明

[5]2.1 基础标准

[5]2.1.1 术语标准

[5]2.1.1.1《道路工程术语标准》（GBJ 124-88）

本标准适用于道路工程的规划、设计、施工、验收、质量检验和养护管理等方面。列入了道路、桥梁、隧道工程常用的术语，也适当给出了道路工程勘测、材料、试验、施工机具等术语。本标准中术语的名称及释义考虑了科学性、通用性，并尽可能与国际上一致。本标准是制订各种道路工程标准和技术文件的依据。

[5]2.1.2 符号与计量单位标准

[5]2.1.2.1《道路符号与计量单位标准》

待编四川省工程建设地方标准。本标准适用城镇道路、桥梁及隧道工程。主要对城镇道路、桥梁、隧道常用的符号和计量单位进行分类表述及规定，使用中尚应参照有关国家标准规定。

[5]2.1.3 图形标准

[5]2.1.3.1《道路工程制图标准》（GB 50162-92）

本标准适用于道路及其桥梁、涵洞、隧道、交通工程的设计和工程竣工制图。标准中规定了图幅和图框尺寸、图标和会签栏位置，提出了对字体和书写方面、线形和线宽、尺寸标注方法、绘图比例及工程图纸编排顺序等的要求，对道路平面、纵断面和横断面绘图及桥梁、涵洞、隧道等结构制图也提出了具体要求，并给出了统一的常用图例。

[5]2.2 通用标准

[5]2.2.1 道路工程通用标准

[5]2.2.1.1《城市道路交通规划设计规范》（GB 50220-95）

本规范适用于全国各类城市的城市道路交通规划设计，指导科学、合理地进行城市道路交通规划设计，优化城市用地布局，提高城市的运行效能，提供安全、高效、经济、舒适和低公害的交通条件。

[5]2.2.1.2《城镇道路工程施工与质量验收规范》（CJJ 1-2008）

本规范适用于城镇新建、改建、扩建的道路、广场和停车场等工程的施工及质量检验、验收。主要内容是按照施工顺序提出了施工技术管理要求，规范了施工要求，统一规定了质量验收标准。

[5]2.2.1.3《城镇道路养护技术规范》（CJJ 36-2006）

本规范适用于竣工验收后的城镇道路工程的养护管理，规定了道路工程养护内容及技术要求，并对各种设施管理也提出了要求，使城镇道路的管理养护工作科学化、规范化和制度化。

[5]2.2.1.4《城市道路工程设计规范》（CJJ 37-2012）

本规范适用于城市范围内新建和改建的各级城市道路设计，是一本综合性标准。其中规定，城市道路按在道路网中的地位、交通功能及对沿线建筑物的服务功能等，分为快速路、主干路、次干路、支路四个等级。给出了各级道路的设计速度，统一了机动车、非机动车设计车辆的外廓尺寸，规定了保证车辆安全通行的道路建筑限界、设计年限及防灾标准。

[5]2.2.1.5《城市道路安全性评价规范》

待编四川省工程建设地方标准。本标准适用于既有、新建、改建的城镇道路、桥梁、隧道工程。主要内容包括确定安全审查程序、工程建设阶段审查内容、安全评价标准等。

[5]2.2.1.6《城市道路环境控制规范》

待编四川省工程建设地方标准。本标准适用于城镇道路既有、新建、改建工程项目的环境评价及环境保护设计。主要内容包括社会环境影响评述、生态环境影响评价、环境空气及噪声评价。与本标准相关的标准有《城市噪音标准》《铅铝标准》《粉煤灰铅标准》等。

[5]2.2.2 桥梁工程通用标准

[5]2.2.2.1《城市桥梁工程施工与质量验收规范》（CJJ 2-2008）

本规范适用于一般地质条件下城市桥梁的新建、改建、扩建工程和大、中修维护工程的施工与质量验收。包括桥梁基础、上部结构、下部结构、附属结构的施工方法、技术要求、安全控制、质量验收标准等内容。

[5]2.2.2.2《城市桥梁设计规范》（CJJ 11-2011）

本规范适用于城市道路的新建永久性桥梁和地下通道的设计，也适用于镇（乡）村道路上新建永久性桥梁和地下通道的设计。规定了桥梁安全等级、荷载标准、桥梁防洪等要求。规范中还制订了桥上或地下通道内敷设管线的规定。

[5]2.2.2.3《城市桥梁养护技术规范》（CJJ 99-2003）

本规范适用于城镇范围内混凝土、钢、木、石料桥梁的常规养护及维修。规定了桥梁养护的基本要求，管理养护方法和对桥梁安全状况的评价方法。标准还包括了桥梁常规维修的内容。

[5]2.2.2.4《城市桥梁抗震设计规范》（CJJ 166-2011）

本规范适用于地震基本烈度 6、7、8 和 9 度地区的城市梁式桥和跨度不超过 150 m 的拱桥。斜拉桥、悬索桥和大跨度拱桥可按本规范给出的抗震设计原则进行设计。对桥梁进行了抗震设防分类，制订了抗震验算方法、抗震构造细节、抗震措施等规定。

[5]2.2.3 隧道工程通用标准

[5]2.2.3.1《城市隧道工程设计规范》

待编四川省工程建设地方标准。本规范适用于城市区域内新建山岭隧道、越江隧道以及其他形式的地下车行通道的设计。着重考虑城市特点、使用要求和景观功能。

[5]2.2.3.2《城市隧道工程施工与质量验收规范》

待编四川省工程建设地方标准。本规范适用于城市区域内新建山岭隧道、越江隧道以及其他形式的地下车行通道的施工与质量验收。包括隧道施工方法、技术要求、安全控制、质量验收标准等内容。

[5]2.2.3.3《城市隧道养护技术规范》

待编四川省工程建设地方标准。本规范适用于城市区域内新建山岭隧道、越江隧道以及其他形式的地下车行通道的常规养护及维修。规定了隧道养护的基本要求，管理养护方法和对隧道安全状况的评价方法。标准还包括了隧道常规维修的内容。

[5]2.2.4 监理通用标准

[5]2.2.4.1《城镇道、桥、隧工程施工监理规范》

待编四川省工程建设地方标准。本规范适用于新建与改建城镇道路、桥梁、隧道工程施工阶段监理，规定了前期准备工作、阶段监理、进度控制、质量控制、造价控制及合同管理等。

[5]2.3 专用标准

[5]2.3.1 道路工程专用标准

[5]2.3.1.1《沥青路面施工及验收规范》（GB 50092-96）

本规范适用于新建和改建道路的沥青路面工程。主要内容包括对各种沥青材料的要求，对基层的规定，对沥青表面处治路面、贯入式路面、热拌沥青混合料路面、乳化沥青及再生沥青路面及施工质量管理与检查验收都作出了规定；沥青路面施工应符合国家现行有关标准的规定。本规范由于编制时间较早，一些标准要求偏低，需修编。

[5]2.3.1.2《城市道路交通设施设计规范》（GB 50688-2011）

本规范适用于新建、改建、扩建城市道路的交通设施设计，制订了设计原则、设计标准，包含交通调查、交通标志、标线、信号灯、监控系统、防护设施、服务设施等主要内容。

[5]2.3.1.3《无障碍设计规范》（GB 50763-2012）

本规范适用于全国城市新建、改建和扩建的城市道路、城市广场、城市绿地、居住区、居住建筑、公共建筑及历史文物保护建筑等。本规范未涉及的城市道路、城市广场、城市绿地、建筑类型或有无障碍需求的设计，宜按本规范中相似类型的要求执行。农村道路及公共服务设施宜按本规范执行。

[5]2.3.1.4《厂矿道路设计规范》（GBJ 22-87）

本规范适用于新建、改建、扩建的工厂、矿山、油田、港口、仓库等企业的道路设计。其中将厂矿道路分为厂外道路、厂内道路和露天矿山道路三类。给出了各类道路的技术要求及选用条件，规定了保障道路通行能力和交通安全的建筑限界。对厂外道路，在考虑厂矿特点的前提下，采用了某些公路的技术规定；对厂内道路，按工厂规模和道路使用功能，给出了相应的技术指标；对露天矿山道路，规定以是否行驶重型自卸车及交通量为依据，确定各项技术指标。本标准给出了行驶重型自卸汽车道路的技术标准和路面设计方法。

[5]2.3.1.5《水泥混凝土路面施工及验收规范》（GBJ 97-87）

本规范适用于新建、改建的现浇水泥混凝土路面，预制混凝土路面的道路施工及验收。规定了混凝土路面施工基本要求、面层及基层质量控制、材料配合比等，与路面设计标准配套使用。本规范由于编制时间较早，一些标准要求偏低，需修编。

[5]2.3.1.6《城市道路路基工程施工及验收规范》（CJJ 44-91）

本规范适用于城市道路、广场和停车场路基的施工及验收。其中，按照设计要求和施工顺序提出了对施工的要求，给出了质量标准。其内容包括施工测量、路基排水、路基防护与加固，以及土质、石质和特殊土质路基的施工等。对软弱土基施工、雨期施工、冬期施工及施工质量验收也作了规定。本规范由于编制时间较早，一些标准要求偏低，需修编。

[5]2.3.1.7《城市快速路设计规程》（CJJ 129-2009）

本规程适用于新建和改建的城市快速路设计，将快速路定义为中央分隔、全部控制出入、控制出入口间距及形式，具有单向双车道或以上的多车道，并设有配套的交通安全与管理设施的城市道路。将设计车速划为 60、80、100 km/h 三级，并引入道路交通服务水平指标。

[5]2.3.1.8《城市道路交叉口设计规程》（CJJ 152-2010）

本规程适用于新建和改建城市道路的交叉口设计，包括城市道路各种型式的平面交叉、立体交叉、与铁路平面及立体交叉的有关技术规定。

[5]2.3.1.9《城镇道路路面设计规范》（CJJ 169-2012）

本规范适用于新建和改建城镇道路的路面设计。对设计原则、结构组成、设计标准及参数等提出了要求，包括沥青路面、水泥混凝土路面、砌块路面、其他路面、路面排水等主要内容。

[5]2.3.1.10《城市道路路线设计规范》（CJJ 193-2012）

本规范适用于新建和改建城市道路的路线设计，制定了各级城市道路的平、纵、横、视距、交叉口、平纵组合等方面的设计规定。

[5]2.3.1.11《城市道路路基设计规范》（CJJ 194-2013）

本规范适用于新建和改建各级城市道路、广场、停车场的路基设计，制订了设计原则、设计标准、设计参数，包括路基排水、路基防护与支挡、特殊路基处理、管线工程中的路基处理等主要内容。

[5]2.3.1.12《城市道路路面基层施工及验收规范》

待编四川省工程建设地方标准。本规范适用于新建和改建城市道路路面的基层和底基层的施工。提出了各种路面基层和底基层水泥稳定土、石灰稳定土、工业废渣稳定土及固化土施工的基本要求，给出了材料选择、混合料组成设计、养生等技术规定，对质量管理和检验也作了规定。本规范是《城镇道路工程施工与质量验收规范》中相关内容的细化和补充。

[5]2.3.1.13《城市道路人行道施工与验收规范》

待编四川省工程建设地方标准。本规范适用于新建和改建城市道路人行道的施工。提出了各种人行道面层、基层和底基层施工的基本要求，给出了材料选择、混合料组成设计、养生等技术规定，对质量管理和检验也作了规定。本规范是《城镇道路工程施工与质量验收规范》中相关内容的细化和补充。

[5]2.3.2 桥梁工程专用标准

[5]2.3.2.1《城市人行天桥与人行地道技术规范》（CJJ 69-95）

本规范适用于城市中跨越道路的天桥和下穿道路的地道的设计与施工，郊区公路、厂矿及居民区的天桥与地道可参照采用。规定了在城市规划布局下满足车辆及行人安全，少影响正常交通的基本要求。标准给出了设计通行能力以及净宽、净高限界数据，明确了设计原则、荷载组合与构造要求，对附属设施也提出了相应要求。

[5]2.3.2.2《城镇地道桥顶进施工及验收规程》（CJJ 74-99）

本规程适用于在铁路运营条件下，道路穿越铁路而修建的地道桥工程。规定了地道桥整体顶进长度和宽度，给出了一次顶入、中继间顶拉、多个单体顶进方法，提出了顶进工艺设计、顶进施工、铁路线路加固的技术要求，规定了工程质量检查与验收标准。

[5]2.3.2.3《预应力混凝土桥梁预制节段逐跨拼装施工技术规程》（CJJ/T 111-2006）

本规程适用于预应力混凝土桥梁预制节段逐跨拼装的施工，使施工做到安全适用、技术先进、经济合理、确保质量、保护环境。

[5]2.3.2.4《城市桥梁桥面防水工程技术规程》（CJJ 139-2010）

本规程适用于基层为水泥混凝土桥面板或整平层的城市桥梁混凝土桥面防水工程设计、施工和质量验收，规定了城市桥梁混凝土桥面防水工程设计、施工和质量验收的基本要求，对防水材料、防水等级、施工工艺和验收标准作了详细的规定。

[5]2.3.2.5《城市道路与轨道交通合建桥梁设计规范》

在编城镇建设行业标准。

[5]2.3.2.6《钢-混凝土组合桥梁设计规程》

待编四川省工程建设地方标准。本标准适用于钢-混凝土组合截面梁式桥梁的设计与施工。对此类结构的设计原则、材料性能、内力分析、截面验算、构造措施及施工方法和控制要求作出规定。

[5]2.3.2.7《曲线桥梁设计规程》

待编四川省工程建设地方标准。本标准适用于平面曲线梁式桥，对曲线梁桥的结构体系、分析方法、荷载组合及曲线梁桥的结构构造给出了具体要求和规定。

[5]2.3.2.8《城镇桥梁耐久性标准》

待编四川省工程建设地方标准。本标准适用于城镇新建混凝土桥梁及某些特殊桥梁的耐久性设计，养护、维修、加固的桥梁可参照执行。根据桥梁的设计基准期、所处环境类别、荷载标准、重要等级等条件，规定了桥梁耐久性设计的有关要求。

[5]2.3.2.9《城镇桥梁鉴定与加固技术规程》

待编四川省工程建设地方标准。本规程适用于各种城镇桥梁上下部的鉴定和加固设计，对各种鉴定技术和加固方法作出了明确的规定，提出了桥梁使用状况评定标准和加固设计计算公式及参数。

[5]2.3.3 隧道工程专用标准

[5]2.3.3.1《盾构法隧道施工与验收规范》（GB 50446-2008）

本规范适用于采用盾构法施工、预制管片拼装隧道衬砌结构的施工与质量验收。统一了盾构法隧道施工的技术管理与质量验收标准，确保施工过程的工程安全、环境安全和工程质量。包含施工测量、施工工艺、盾构机维护保养、安全环保、监控测量、质量验收等主要内容。

[5]2.3.3.2《盾构隧道管片质量检测技术标准》（CJJ/T 164-2011）

本标准适用于我国采用盾构法施工隧道预制管片成型后施工前的质量检测与评定。制定了预制管片的外观、尺寸、强度、抗弯、抗渗等检测标准。

2.3 给水专业标准体系

2.3.1 综述

城市给水系统包括取水、输水、净水和输配管网等部分，担负着向城镇居民和公共基础设施不间断供水的任务，并且保证满足各类用户对水质、水量和水压的要求。近年来，随着我国人口的增长、城市化进程的加快和经济持续、快速的发展，给水工程设施建设和技术进步都有了前所未有的发展。同时，给水排水事业发展也面临着诸多挑战和机遇，主要是：满足功能要求的水资源短缺；水污染加剧，水环境质量恶化；保障饮用水的安全受到来自多方面的压力；在发展循环经济、建设节约型社会、贯彻可持续发展战略的背景下，对传统给水工程和技术提出了新的要求；《生活饮用水卫生标准》（GB 5749-2006）的全面实施对水厂的运行、管理和检测提出了更高的要求；高新技术发展使得传统给水工艺、技术和设备不断更新；科技的进步也为饮用水的安全供给和提高给水设施功能及效率提供了新的条件和保障。

给水工程标准是进行工程建设、施工和日常维护、运营活动统一的基本准则，这些标准的实施直接影响着给水工程设施的建设质量、工程效益、运行安全和服务质量。近年来，随着给水排水工程技术的发展，相继颁布了一批国家标准、行业标准和四川省地方标准，已形成了基本适合我国给水排水事业发展需要的标准体系和基本覆盖该技术领域的标准结构。

2.3.1.1 国内外给水专业技术发展简况

1. 国外技术发展概况

国外城市给水排水系统在 19 世纪末步入产业化发展阶段后，相关给水排水工程设施迅速普及。为保证供水水压、水量和水质，给水加压技术、设备、管道技术、净水和水质保障相关技术等都有了长足的进步。这些发展和进步主要体现在饮用水水质安全保障工程技术的发展，膜分离材料和技术的发展和应用，多种人工合成材质的新型管材、复合材质管材、优质金属管材的普及应用，多种管道探测、检漏、维护修复和非开挖更新改造技术广泛应用，管道输配水的效率、安全可靠程度等都有了较大幅度的提高。

2. 国内技术发展概况

近年来，我国国民经济持续、快速、健康的发展极大地促进了给水排水技术的发展。在传统给水处理工艺基础上，采用臭氧、活性炭、高锰酸钾和光催化技术以及微滤、超滤、纳滤和反渗透等膜分离技术等多种手段，对受污染水源水的预处理技术和对过滤水的深度处理技术都有了长足的发展。对于富营养化和微污染水源水、含藻水、高浊度水以及含铁、锰、氟等特殊水质的处理技术也有了一定提高。为适应新的国家生活饮用水标准的颁布实施，在给水处理过程和输配过程中的水质安全保障技术也有了新的发展。城镇给水设施的建设基本保障了城镇用水的需求。

2.3.1.2 国内外技术标准现状

1. 国内技术标准现状

自20世纪50年代起，我国给水排水技术标准参照苏联某些标准的模式，开始编制一些技术标准和规范，设立了规范常设归口管理单位。但到了"文革时期"标准制订工作基本处于停顿状态，到70年代末，全国仅有某些专项标准和规范。

改革开放以来，随着经济建设的加快和城镇基础设施建设的飞速发展，给水排水工程项目建设任务成倍增长。承担工程设计、施工的单位急需各方面标准。80年代初期，开始编制城市给水排水标准体系，并按照体系的要求组织编写相关标准规范，给水排水标准工作开始进入了一个较快发展的时期。目前已形成了由国家标准、行业标准和地方标准组成的基本覆盖全行业的标准体系。将其归纳为如下几个阶段：

80年代初，原国家城市建设总局组织编制了我国第一个给水排水标准体系；设立城乡建设环境保护部后，设计局在此基础上修订完成了该标准体系的草案，并曾按照新的体系组织编制标准。

1990年，建设部城建司组织编制了城镇建设标准体系表，该体系涉及了给水排水有关产品和工程技术所有标准。

1993 年，建设部标准主管部门组织编制了《建设部技术标准体系表》。

2002 年，建设部标准主管部门组织编制了第一本《建设部工程建设标准体系表》。

目前我国工程建设标准进入了新标准制订和现行标准修订的高峰时期，如 2010 年制订和修订标准 188 项，2011 年制订和修订标准 167 项，2012 年制订和修订标准 164 项，2013 年制订和修订标准 99 项。

2. 国外技术标准概况

国外给水排水相关技术标准的建立已有几十年的历史了，各标准化组织依托自身的技术实力所推出的标准具有较高的适用性和成熟性，国际上已经形成了相对较为完整的科学体系。

2.3.1.3 工程技术标准体系

1. 现行标准存在的问题

2002 年建设部标准主管部门组织编制了国内第一本《建设部工程建设标准体系表》，我国已基本形成了较为完善的城镇给水排水标准体系。但目前形成的标准体系在结构设置上依然还有不尽合理之处，强调的重点与当代城镇给水排水技术发展特征和趋势衔接方面也有一定的差距，主要有以下几个问题：

（1）原有标准体系将给水和排水合并为一类。该分类方法与现行标准内容和结构不能很好的对应。

（2）原有标准体系试图以较少的标准数量，覆盖较多的专业技术内容。该原则与目前的水型式环境、城镇给水排水技术发展特征和趋势不一致。

（3）原有标准体系未纳入环境保护部门、卫生部门制定的有关给水排水方面的规范和标准，与国家对给水排水工程的管理体制不适应。

（4）原有标准体系注重于设计和运行，对施工安装和质量验收类标准纳入不够，不利于全过程控制。

2. 本标准体系的特点

本次城镇给水排水标准体系制定过程中，认真分析和总结了现行标准内容和结构，考虑了当代城镇给水排水技术发展特征和趋势，兼顾本行业及相关行业工程标准现状，结合国外标准模式，在 2002 年建设部标准体系的基础上进行调整后形成。

（1）标准体系细化。

标准体系按专业进行细化，将城镇排水专业和建筑给水排水专业分出，另行编制。

标准体系层次同 2002 年版，仍分为 3 个层次：基础标准、通用标准和专用标准。

基础标准门类仍为 3 个；通用标准和专用标准门类进行了调整，门类由原标准 5 个调整为 4 个。

门类内容划分同原标准，即仍分为（处理）工程、管道工程、节约用水和运行管理 4 类。

（2）标准范围扩大。

城镇给水专业涉及水源、处理、输送、使用和运行管理，分属国家不同部门或多部门管理，因此纳入了卫生部和环保部等制定的相关规范和标准。

增加了给水专业相关设备与管道的施工安装和质量验收的国家规范、标准。

（3）标准内容细化。

鉴于目前水环境形势和城镇给水排水技术及设备发展，现行标准内容呈现细化趋势，因此本标准修编时取消了原标准体系中准备编制的《城镇给水处理工程设计规范》等"大而全"标准。

本标准体系中含有技术标准共 60 项，其中基础标准 8 项，通用标准 28 项，专用标准 24 项；现行标准 49 项，在编标准 9 项，待编标准 2 项。本标准体系是开放性的，技术标准的名称、内容的数量均可根据需要适时调整。

2.3.2 给水专业标准体系框图

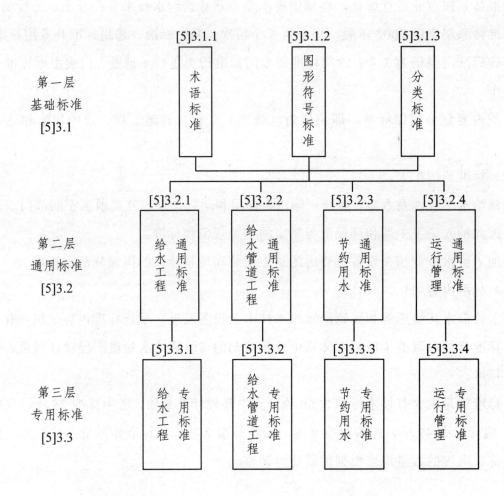

第一层
基础标准
[5]3.1

[5]3.1.1 术语标准

[5]3.1.2 图形符号标准

[5]3.1.3 分类标准

第二层
通用标准
[5]3.2

[5]3.2.1 给水工程 通用标准

[5]3.2.2 给水管道工程 通用标准

[5]3.2.3 节约用水 通用标准

[5]3.2.4 运行管理 通用标准

第三层
专用标准
[5]3.3

[5]3.3.1 给水工程 专用标准

[5]3.3.2 给水管道工程 专用标准

[5]3.3.3 节约用水 专用标准

[5]3.3.4 运行管理 专用标准

2.3.3 给水专业标准体系表

体系编号	标准名称	标准编号	现行	在编	待编	备注
			编制出版状况			
[5]3.1	**基础标准**					
[5]3.1.1	**术语标准**					
[5]3.1.1.1	给水排水工程基本术语标准	GB/T 50125-2010	√			*
[5]3.1.1.2	机械设备安装工程术语标准	GB/T 50670-2011	√			*
[5]3.1.2	**图形符号标准**					
[5]3.1.2.1	总图制图标准	GB/T 50103-2010	√			
[5]3.1.3	**分类标准**					
[5]3.1.3.1	地表水环境质量标准	GB 3838-2002	√			*
[5]3.1.3.2	地下水质量标准	GB/T 14848-93	√			*
[5]3.1.3.3	水功能区划分标准	GB/T 50594-2010	√			*
[5]3.1.3.4	城市用水分类标准	CJ/T 3070-1999	√			
[5]3.1.3.5	饮用水水源保护区划分技术规范	HJ/T 338-2007	√			
[5]3.2	**通用标准**					
[5]3.2.1	**给水工程通用标准**					
[5]3.2.1.1	生活饮用水卫生标准	GB 5749-2006	√			
[5]3.2.1.2	生活饮用水标准检验方法	GB/T 5750-2006	√			
[5]3.2.1.3	工业企业厂界环境噪声排放标准	GB 12348-2008	√			
[5]3.2.1.4	室外给水设计规范	GB 50013-2006	√			
[5]3.2.1.5	机械设备安装工程施工及验收通用规范	GB 50231-2009	√			*
[5]3.2.1.6	现场设备、工业管道焊接工程施工及验收规范	GB 50236-2011	√			*
[5]3.2.1.7	工业安装工程施工质量验收统一标准	GB 50252-2010	√			*
[5]3.2.1.8	现场设备、工业管道焊接工程施工质量验收规范	GB 50683-2011	√			*

体系编号	标准名称	标准编号	编制出版状况			备注
			现行	在编	待编	
[5]3.2.1.9	工业设备及管道防腐蚀工程施工规范	GB 50726-2011	√			*
[5]3.2.1.10	工业设备及管道防腐蚀工程施工质量验收规范	GB 50727-2011	√			*
[5]3.2.1.11	城镇给水排水技术规范	GB 50788-2012	√			*
[5]3.2.1.12	工业企业设计卫生标准	GBZ 1-2010	√			*
[5]3.2.1.13	工业企业噪声控制设计规范	GBJ 87-85	√			*
[5]3.2.1.14	城市供水水质标准	CJ/T 206-2005	√			
[5]3.2.2	**给水管道工程通用标准**					
[5]3.2.2.1	涂装前钢材表面锈蚀等级和除锈等级	GB 8923-88	√			*
[5]3.2.2.2	工业金属管道工程施工质量验收规范	GB 50184-2011	√			*
[5]3.2.2.3	工业金属管道工程施工规范	GB 50235-2010	√			*
[5]3.2.2.4	工业金属管道设计规范（2008 年版）	GB 50316-2000	√			*
[5]3.2.2.5	城镇给水管道非开挖修复更新工程技术规范			√		行标
[5]3.2.2.6	城镇供水管网抢修技术规程			√		行标
[5]3.2.3	**节约用水通用标准**					
[5]3.2.3.1	城市居民生活用水量标准	GB/T 50331-2002	√			
[5]3.2.3.2	城市节水评价标准			√		国标
[5]3.2.3.3	四川省城市综合用水定额				√	地标
[5]3.2.4	**运行管理通用标准**					
[5]3.2.4.1	城镇供水服务	CJ/T316-2009	√			
[5]3.2.4.2	城镇供水厂运行、维护及安全技术规程	CJJ 58-2009	√			
[5]3.2.4.3	城市地下管线探测技术规程	CJJ 61-2003	√			*
[5]3.2.4.4	饮用水水源保护区标志技术要求	HJ/T 433-2008	√			
[5]3.2.4.5	突发环境事件应急监测技术规范	HJ 589-2010	√			*

体系编号	标准名称	标准编号	编制出版状况			备注
			现行	在编	待编	
[5]3.3	**专用标准**					
[5]3.3.1	**给水工程专用标准**					
[5]3.3.1.1	泵站设计规范	GB 50265-2010	√			*
[5]3.3.1.2	连续输送设备安装工程施工及验收规范	GB 50270-2010	√			*
[5]3.3.1.3	风机、压缩机、泵安装工程施工及验收规范	GB 50275-2010	√			*
[5]3.3.1.4	起重设备安装工程施工及验收规范	GB 50278-2010	√			*
[5]3.3.1.5	供水管井技术规范	GB 50296-99	√			
[5]3.3.1.6	泵站更新改造技术规范	GB/T 50510-2009	√			*
[5]3.3.1.7	含藻水给水处理设计规范	CJJ 32-2011	√			
[5]3.3.1.8	高浊度水给水设计规程	CJJ 40-2011	√			
[5]3.3.1.9	镇（乡）村给水工程技术规程	CJJ 123-2008	√			
[5]3.3.1.10	城市轨道交通给水、排水系统技术规范			√		国标*
[5]3.3.1.11	城镇供水厂与污水处理厂检验设施技术规范			√		行标*
[5]3.3.1.12	城镇给水微污染水预处理技术规程			√		行标
[5]3.3.1.13	城镇给水膜处理技术规程			√		行标
[5]3.3.1.14	四川省城镇给水排水构筑物及管道工程施工质量验收规范				√	地标
[5]3.3.2	**给水管道工程专用标准**					
[5]3.3.2.1	埋地钢质管道防腐保温层技术标准	GB/T 50538-2010	√			*
[5]3.3.2.2	埋地聚乙烯给水管道工程技术规程	CJJ 101-2004	√			修订
[5]3.3.2.3	室外给水球墨铸铁管管道工程技术规程	DB51/T5055-2008	√			修订
[5]3.3.2.4	室外给水钢丝网骨架塑料复合管管道工程技术规程	DB51/T5056-2008	√			
[5]3.3.2.5	城镇给水预应力钢筒混凝土管管道工程技术规程			√		行标

体系编号	标准名称	标准编号	编制出版状况			备注
			现行	在编	待编	
[5]3.3.3	**节约用水专用标准**					
[5]3.3.3.1	城镇供水管网漏水探测技术规程	CJJ 159-2011	√			
[5]3.3.3.2	城市供水管网漏损控制及评定标准	CJJ 92-2002	√			
[5]3.3.4	**运行管理专用标准**					
[5]3.3.4.1	氯气安全规程	GB 11984-2008	√			*
[5]3.3.4.2	城镇供水水量计量仪表的配备和管理通则	CJ/T 3019-93	√			
[5]3.3.4.3	城镇供水管网运行、维护及安全技术规程			√		行标

注：表中备注栏带"*"者，为同时适用于第 2 章第 4 节"排水专业"的标准。

2.3.4 给水专业标准项目体系说明

[5]3.1 基础标准

[5]3.1.1 术语标准

[5]3.1.1.1《给水排水工程基本术语标准》（GB/T 50125-2010）

本标准规定了有关给水排水工程建设的基本术语和定义，包括通用术语及设计、施工验收、运行管理等方面的名词和术语。本标准适用于给水排水工程的设计、施工验收和运行管理。

[5]3.1.1.2《机械设备安装工程术语标准》（GB/T 50670-2011）

为统一机械设备安装工程的术语及释义，制定本标准。本标准适用于金属切削机床、锻压设备、风机、压缩机、泵、制冷设备、空气分离设备、起重设备、锻造设备、破碎设备、粉磨设备、输送设备、锅炉的安装工程。

[5]3.1.2 图形符号标准

[5]3.1.2.1《总图制图标准》（GB/T 50103-2010）

为了统一总图制图规则，保证制图质量，提高制图效率，做到图面清晰、简明，符合设计、施工、存档的要求，适应工程建设的需要，制定本标准。本标准适用于总图专业的下列工程制图：新建、改建、扩建工程各阶段的总图制图（场地园林景观制图），原有工程的总平面实测图，总图的通用图、标准图，新建、改建、扩建工程各阶段的总图制图（场地园林景观制图）。

[5]3.1.3 分类标准

[5]3.1.3.1《地表水环境质量标准》（GB 3838-2002）

本标准按照地表水环境功能分类和保护目标，规定了水环境质量应控制的项目及限制，以及水质评价、水质项目的分析方法和标准的实施和监督。本标准适用于中华人民共和国领域内江河、湖泊、运河、渠道、水库等具有使用功能的地表水水域。具有特定功能的水域，执行相应的专业用水水质标准。

[5]3.1.3.2《地下水质量标准》（GB/T 14848-93）

本标准规定了地下水的质量分类，地下水质量监测、评价方法和地下水质量保护。本标准适用于一般地下水，不适用于地下热水、矿水、盐卤水。本标准是地下水勘查评价、开发利用和监督管理的依据。

[5]3.1.3.3《水功能区划分标准》（GB/T 50594-2010）

本标准主要内容包括：总则，术语，分级分类系统和指标，划分程序，划分方法，成果编写要求。本标准适用于中华人民共和国境内江河、湖泊、水库、运河、渠道等地表水体的水功能区划分。

[5]3.1.3.4《城市用水分类标准》（CJ/T 3070-1999）

本标准规定了城市用水分类的类别名称和包括范围。本标准适用于城市公共供水企业和自建设施供水企业。其他相关的计划、规划、设计、节水管理机构和工程建设单位，可参照执行。

[5]3.1.3.5《饮用水水源保护区划分技术规范》（HJ/T 338-2007）

本标准规定了地表水饮用水水源保护区、地下水饮用水源保护区划分的基本方法和饮用水水源保护区划分技术文件的编制要求。本标准适用于集中式地表水、地下水饮用水水源保护区（包括备用和规划水源地）的划分。农村及分散式饮用水水源保护区的划分可参照本标准执行。

[5]3.2 通用标准

[5]3.2.1 给水工程通用标准

[5]3.2.1.1《生活饮用水卫生标准》（GB 5749-2006）

本标准为《生活饮用水卫生标准》（GB 5749-85）的修订。本标准规定了生活饮用水水质卫生要求、生活饮用水水源水质卫生要求、集中式供水单位卫生要求、二次供水卫生要求、涉及生活饮用水卫生安全产品卫生要求以及水质检验方法。本标准适用于城乡各类集中式供水的生活饮用水，也适用于分散式供水的生活饮用水。

[5]3.2.1.2《生活饮用水标准检验方法》（GB/T 5750-2006）

本标准分为以下几部分（GB/T 5750.1-2006~GB/T 5750.13-2006）：总则，水样的采集和保存，水质分析质量控制，感官性状和物理指标，无机非金属指标，金属指标，农药指标，消毒副产物指标，消毒剂指标，微生物指标，放射性指标。本标准规定了生活饮用水水质检验的基本原则和要求，适用于生活饮用水水质检验，也适用于水源水和经过处理、储存和输送的饮用水的水质检验。

[5]3.2.1.3《工业企业厂界环境噪声排放标准》（GB 12348-2008）

本标准自实施之日起代替《工业企业厂界噪声标准》（GB 12348-90）和《工业企业厂

界噪声测量方法》（GB 12349-90）。本标准规定了工业企业和固定设备厂界环境噪声排放限值及其测量方法。本标准适用于工业企业噪声排放的管理、评价及控制。机关、事业单位、团体等对外环境排放噪声的单位也按本标准执行。

[5]3.2.1.4《室外给水设计规范》（GB 50013-2006）

本规范包括水量、水质、水压、取水构筑物、输配水及常规给水处理工艺的要求等。本规范适用于新建、扩建或改建的城镇及工业区永久性给水工程设计。

[5]3.2.1.5《机械设备安装工程施工及验收通用规范》（GB 50231-2009）

本规范主要技术内容包括：总则，施工条件，放线、就位、找正和调平，地脚螺栓、垫铁和灌浆，装配，液压、气动和润滑管线的安装，试运转，工程验收。本规范适用于各类机械设备安装工程施工及验收的通用性部分。

[5]3.2.1.6《现场设备、工业管道焊接工程施工及验收规范》（GB 50236-2011）

本规范主要技术内容包括：总则，术语，基本规定，材料，焊接工艺评定，焊接技能评定，碳素钢及合金钢的焊接，铝及铝合金的焊接，铜及铜合金的焊接，钛及钛合金的焊接，镍及镍合金的焊接，锆及锆合金的焊接，焊接检验及焊接工程交接等。本规范适用于碳素钢、合金钢、铝及铝合金、铜及铜合金、钛及钛合金（低合金钛）、镍及镍合金、锆及锆合金材料的焊接工程的施工。

[5]3.2.1.7《工业安装工程施工质量验收统一标准》（GB 50252-2010）

本标准主要技术内容包括：总则，术语，基本规定，施工质量验收的划分，施工质量的验收，施工质量验收的程序及组织等。本标准适用于工业安装工程施工质量的验收。

[5]3.2.1.8《现场设备、工业管道焊接工程施工质量验收规范》（GB 50683-2011）

本规范主要技术内容包括：总则，术语，基本规定，材料，焊前准备，焊接，焊后热处理，焊缝质量检验等。本规范适用于碳素钢、合金钢、铝及铝合金、铜及铜合金、镍及镍合金、钛及钛合金、锆及锆合金材料的焊接工程施工质量的验收。

[5]3.2.1.9《工业设备及管道防腐蚀工程施工规范》（GB 50726-2011）

本规范主要技术内容包括：总则，术语，基本规定，基体表面处理，块材衬里，纤维增强塑料衬里，橡胶衬里，塑料衬里，玻璃鳞片衬里，铅衬里，喷涂聚脲衬里，氯丁胶乳水泥砂浆衬里，涂料涂层，金属热喷涂层，安全技术，环境保护技术措施，工程交接等。本规范适用于新建、扩建和改建的，以钢、铸铁为基本的工业设备及管道防腐蚀衬里和涂层的施工。

[5]3.2.1.10《工业设备及管道防腐蚀工程施工质量验收规范》（GB 50727-2011）

本规范主要技术内容包括：总则，术语，基本规定，基体表面处理，块材衬里，纤维增强塑料衬里，橡胶衬里，塑料衬里，玻璃鳞片衬里，铅衬里，喷涂聚脲衬里，氯丁胶乳水泥砂浆衬里，涂料涂层，金属热喷涂层，分部（子分部）工程验收等。本规范适用于新建、改建和扩建的钢、铸铁制造的工业设备及管道防腐蚀工程施工质量的验收。本规范应于现行国家标准《工业安装工程施工质量验收统一标准》（GB 50252）及《工业设备及管道防腐蚀工程施工规范》（GB 50726）配套使用。

[5]3.2.1.11 《城镇给水排水技术规范》（GB 50788-2012）

本规范是以城镇给水排水系统和设施的功能和性能要求为主要技术内容，包括城镇给水排水工程的规划、设计、施工和运行管理中涉及安全、卫生、环境保护、资源节约及其他社会公共利益方面的相关技术要求。本规范全部条文为强制性条文，必须严格执行。本规范适用于城镇给水、城镇排水、污水再生利用和雨水利用相关系统和设施的规划、勘察、设计、施工、验收、运行和管理等。

[5]3.2.1.12 《工业企业设计卫生标准》（GBZ 1-2010）

本标准规定了工业企业选址与总体布局、工作场所、辅助用室以及应急救援的基本卫生学要求。本标准适用于工业企业新建、改建、扩建和技术改造、技术引进项目的卫生设计及职业病危害评价。

[5]3.2.1.13 《工业企业噪声控制设计规范》（GBJ 87-85）

为防止工业噪声的危害，保障职工的身体健康，保证安全生产与正常工作，保护环境，制定本规范。本规范适用于工业企业中新建、改建、扩建和技术改造工程中的噪声（脉冲声除外）的控制设计。新建、改建和扩建工程的噪声控制必须与主体工程设计同时进行。

[5]3.2.1.14 《城市供水水质标准》（CJ/T 206-2005）

本标准规定了供水水质要求、水源水质要求、水质检验和监测、水质安全规定。本标准适用于城市公共集中式供水、自建设施供水和二次供水。

[5]3.2.2 给水管道工程通用标准

[5]3.2.2.1 《涂装前钢材表面锈蚀等级和除锈等级》（GB 8923-88）

本标准规定了涂装前钢材表面锈蚀程度和除锈质量的目视评定等级。它是用于以喷射或抛射除锈、手工和动力工具除锈以及火焰除锈方式处理过的热轧刚材表面。冷轧钢材表面除锈等级的评定也可参照使用。

[5]3.2.2.2 《工业金属管道工程施工质量验收规范》（GB 50184-2011）

为统一工业金属管道工程施工质量的验收方法，加强技术管理，确保工程质量，制定本规范。本规范主要内容包括：总则，术语，基本规定，管道元件和材料的检验，管道加工，焊接和焊后热处理，管道安装，管道检查、检验和试验，管道吹扫与清洗等。本规范适用于设计压力不大于 42 MPa、设计温度不超过材料允许使用温度的工业金属管道工程施工质量的验收。本规范应与现行国家标准《工业安装工程施工质量验收统一标准》（GB 50252）和《工业金属管道工程施工规范》（GB 50235）配合使用。

[5]3.2.2.3《工业金属管道工程施工规范》（GB 50235-2010）

本规范主要技术内容包括：总则，术语和符号，基本规定，管道元件和材料的检验，管道加工，管道焊接和焊后热处理，管道安装，管道检查、检验和试验，管道吹扫与清洗，工程交接等。本规范适用于设计压力不大于 42 MPa、设计温度不超过材料允许使用温度的工业金属管道工程的施工。

[5]3.2.2.4《工业金属管道设计规范（2008 年版）》（GB 50316-2000）

本规范主要技术内容包括：总则，术语和符号，设计条件和设计基准，材料，管道组成件的选用，金属管道组成件耐压强度计算，管径确定及压力损失计算，管道的布置，金属管道的膨胀和柔性，管道支吊架，设计对组成件制造、管道施工及检验的要求，隔热、隔声、消声及防腐，输送 A1 类和 A2 类流体管道的补充规定，管道系统的安全规定。本规范适用于公称压力小于或等于 42 MPa 的工业金属管道及非金属衬里的工业金属管道的设计。

[5]3.2.2.5《城镇给水管道非开挖修复更新工程技术规范》

在编城镇建设行业标准。

[5]3.2.2.6《城镇供水管网抢修技术规程》

在编城镇建设行业标准。

[5]3.2.3 节约用水通用标准

[5]3.2.3.1《城市居民生活用水量标准》（GB/T 50331-2002）

为合理利用水资源，加强城市供水管理，促进城市居民合理用水、节约用水，保障水资源的可持续利用，科学地制定居民用水价格，制定本标准。本标准共分三章，包括总则、术语和用水量标准。本标准适用于确定城市居民生活用水量指标。各地在制定本地区的城市居民生活用水量地方标准时，应符合本标准的规定。

[5]2.2.3.2《城市节水评价标准》

在编国家标准。

[5]3.2.3.3《四川省城市综合用水定额》

待编四川省工程建设地方标准。目前针对各主要用水行业为，基本单元的用水定额较多，便于针对实际用水户进行管理，但在城市水资源规划中有关城市或区域的用水量方面，缺乏兼顾节水型要求的宏观规划依据，迫切需要水行政主管部门对此作出规定。因此，为加强城市水资源宏观控制，合理确定城市或区域用水需求，建议制定本标准，结合我省具体情况，通过预测不同区域、不同规模、不同类型城市或地区综合型指标的用水量，提出该指标的用水定额，为城市水资源需求预测或有关城市规划提供依据。

[5]3.2.4 运行管理通用标准

[5]3.2.4.1《城镇供水服务》（CJ/T316-2009）

本标准规定了城镇供水服务的术语和定义、总则、水质、水压、新装服务、抄表收费、售后服务、信息服务、服务形象、投诉处理、应急服务及服务质量评价等。本标准适用于城镇供水单位向单位或居民提供的供水服务。

[5]3.2.4.2《城镇供水厂运行、维护及安全技术规程》（CJJ 58-2009）

本规程主要技术内容包括：总则，水质监测，制水生产工艺，供水设施运行，供水设备运行，供水设施维护，供水设备维护，自动化系统的运行与维护，安全。本规程适用于以地表水和地下水为水源的城镇供水厂的运行、维护及安全管理。

[5]3.2.4.3《城市地下管线探测技术规程》（CJJ 61-2003）

本规程主要技术内容包括：总则，术语，基本规定，地下管线探查，地下管线测量，地下管线图的编绘，地下管线信息管理系统，报告书编写和成果验收。本规程适用于城市市政建设和管理的各种不同用途的金属、非金属管道及电缆等地下管线的探查、测绘及其信息管理系统的建设。

[5]3.2.4.4《饮用水水源保护区标志技术要求》（HJ/T 433-2008）

本标准规定了饮用水水源保护区标志的类型、内容、位置、构造、制作及管理与维护等要求。本标准适用于对饮用水水源保护区的规范建设与监督管理。

[5]3.2.4.5《突发环境事件应急监测技术规范》（HJ 589-2010）

本标准规定了突发环境事件应急监测的布点与采样、监测项目与相应的现场监测和实验室检测分析方法、监测数据的处理与上报、监测的质量保证等的技术要求。本标准适用于因生产、经营、储存、运输、使用和处置危险化学品或危险废物以及意外因素或不可抗拒的自然灾害等原因而引发的突发环境事件的应急监测，包括地表水、地下水、大气和土壤环境的应急监测。

[5]3.3 专用标准

[5]3.3.1 给水工程专用标准

[5]3.3.1.1《泵站设计规范》（GB 50265-2010）

本规范主要技术内容包括：总则，泵站等级及防洪（潮）标准，泵站主要设计参数，站址选择，总体布置，泵房，进出水建筑物，其他形式泵站，水力机械及辅助设备，电气，闸门、拦污栅及启闭设备，安全监测等。本规范适用于新建、扩建与改建的大、中型供、排水泵站设计。

[5]**3.3.1.2**《连续输送设备安装工程施工及验收规范》（GB 50270-2010）

为保证连续输送设备安装工程的施工质量，促进安装技术的进步，确保设备安全运行，制定本规范。本规范适用于通用固定式带式输送机、板式输送机、垂直斗式提升机、螺旋输送机、辊子输送机、悬挂输送机、振动输送机、埋刮板输送机、气力输送设备、架空索道、矿井提升机和绞车等安装工程的施工及验收。

[5]**3.3.1.3**《风机、压缩机、泵安装工程施工及验收规范》（GB 50275-2010）

本规范主要技术内容包括总则、风机、压缩机、泵、工程验收。本规范适用于下列风机、压缩机、泵安装工程的施工及验收：离心通风机、离心鼓风机、轴流通风机、罗茨和叶氏鼓风机、防爆通风机和消防排烟通风机；容积式的往复活塞式、螺杆式、滑片式、隔膜式压缩机，轴流压缩机和离心压缩机；离心泵、井用泵、隔膜泵、计量泵、混流泵、轴流泵、漩涡泵、螺杆泵、齿轮泵、转子式泵、潜水泵、水轮泵、水环泵、往复泵。

[5]**3.3.1.4**《起重设备安装工程施工及验收规范》（GB 50278-2010）

本规范主要技术内容包括：总则，基本规定，起重机轨道和车挡，电动葫芦，梁式起重机，桥式起重机，门式起重机，悬臂起重机，起重机的试运转，工程验收。本规范适用于电动葫芦、梁式起重机、桥式起重机、门式起重机和悬臂起重机安装工程的施工及验收。

[5]**3.3.1.5**《供水管井技术规范》（GB 50296-99）

为统一供水管井工程的设计和施工的技术要求，特制定本规范。本规范主要技术内容包括总则、术语与符号、设计要求、施工要求以及工程验收。本规范适用于生活用水和工业生产用水管井工程的设计、施工及验收。

[5]**3.3.1.6**《泵站更新改造技术规范》（GB/T 50510-2009）

本规范规定了有关泵站更新改造的基本规定、规划复核、机电设备及金属结构、泵站建筑物、管理设施、施工安装及验收等，适用于水利工程中大中型泵站的更新改造。

[5]**3.3.1.7**《含藻水给水处理设计规范》（CJJ 32-2011）

本规范主要技术内容包括总则、术语、取水口位置选择、含藻水给水处理以及应急处理。本规范适用于以含藻的湖泊、水库或河流为水源的给水处理设计。

[5]**3.3.1.8**《高浊度水给水设计规程》（CJJ 40-2011）

本规范主要技术内容包括：总则，术语和符号，给水系统，取水工程，水处理工艺流程，水处理药剂，沉淀（澄清）构筑物，排泥，应急措施。本规范适用于新建、扩建或改建的以高浊度水为水源的城镇及工业区永久性给水工程设计。

[5]3.3.1.9《镇（乡）村给水工程技术规程》（CJJ 123-2008）

本规程主要技术内容包括：总则，术语，给水系统，设计水量、水质和水压，水源和取水，泵房，输配水，水厂总体设计，水处理，特殊水处理，分散式给水，施工与质量验收，运行管理。本规程适用于供水规模不大于 5 000 m³/d 的镇（乡）村永久性室外给水工程。

[5]3.3.1.10《城市轨道交通给水、排水系统技术规范》

在编国家标准。

[5]3.3.1.11《城镇供水厂与污水处理厂检验设施技术规范》

在编城镇建设行业标准。

[5]3.3.1.12《城镇给水微污染水预处理技术规程》

在编城镇建设行业标准。

[5]3.3.1.13《城镇给水膜处理技术规程》

在编城镇建设行业标准。

[5]3.3.1.14《四川省城镇给水排水构筑物及管道工程施工质量验收规范》

待编四川省工程建设地方标准。为适应四川省城镇给水排水构筑物及管道工程建设需要，加强四川省城镇给水排水构筑物及管道工程施工质量管理，统一城镇给水排水构筑物及管道工程施工质量的检验、验收，保证工程质量，建议制定本规范。

[5]3.3.2 市政给水管道工程专用标准

[5]3.3.2.1《埋地钢质管道防腐保温层技术标准》（GB/T 50538-2010）

本标准主要技术内容包括：总则，术语，防腐保温层结构，材料，防腐保温管道预制，质量检验，标识、储存与运输，补口及补伤，安全、卫生及环境保护，竣工文件等。本标准适用于输送介质温度不超过 120℃的埋地钢质管道外壁防腐层和保温层的设计、预制及施工验收。

[5]3.3.2.2《埋地聚乙烯给水管道工程技术规程》（CJJ 101-2004）

本规程规定了有关埋地聚乙烯（PE）给水管道工程的术语和符号、材料、管道系统设计、管道连接、管道敷设、水压试验、冲洗与消毒、管道系统的竣工验收、管道维修等技术，适用于水温不大于 40℃、工作压力不大于 1.0 MPa 的埋地聚乙烯给水管道的工程设计、施工及验收。目前本规程在修订中。

[5]3.3.2.3《室外给水球墨铸铁管管道工程技术规程》（DB51/T5055-2008）

本规程主要技术内容包括：总则，术语和符号，材料，管道系统设计，管道结构设计，管道施工，水压试验及冲洗消毒，安全施工，工程竣工验收，管道维修及附录。本规程适用于城镇和工业区输送原水和清水的管道工程中，使用球墨铸铁管的管道工程设计、施工、验收及运行维修。目前本规程在修订中。

[5]3.3.2.4 《室外给水钢丝网骨架塑料复合管管道工程技术规程》（DB51/T 5056-2008）

本规程主要技术内容包括：总则，术语，符号，材料，管道系统设计，管道结构设计，管道连接，管道施工，水压试验及冲洗消毒，安全施工，检验及验收，管道维修及附录。本标准适用于新建、改建、扩建的工作压力不大于 1.6 MPa、管径不大于 630 mm 的室外给水压力管道工程的设计、施工及验收。

[5]3.3.2.5 《城镇给水预应力钢筒混凝土管管道工程技术规程》

在编城镇建设行业标准。

[5]3.3.3 节约用水专用标准

[5]3.3.3.1 《城镇供水管网漏水探测技术规程》（CJJ 159-2011）

本规程主要技术内容包括：总则，术语和符号，基本规定，流量法，压力法，噪声法，听音法，相关分析法，其他方法，成果检验和成果报告。本标准适用于城镇供水管网的漏水探测。

[5]3.3.3.2 《城市供水管网漏损控制及评定标准》（CJJ 92-2002）

本标准主要技术内容包括：总则，术语，一般规定，管网管理及改造，漏水检测方法，评定。本标准适用于城市供水管网的漏损控制及评定。

[5]3.3.4 运行管理专用标准

[5]3.3.4.1 《氯气安全规程》（GB 11984-2008）

本标准规定了氯气在生产、充装、使用、贮存、运输等方面的安全要求。本标准的全部技术内容为强制性。本标准适用于氯气的生产、使用、贮存和运输等单位。本标准所指氯气系液氯或气态氯。

[5]3.3.4.2 《城镇供水水量计量仪表的配备和管理通则》（CJ/T 3019-93）

本标准规定了城镇供水水量仪表的配备、选择、实施原则，量值传递和水量计量管理。本标准适用于城镇供水企业事业单位水量剂量仪表的正确配备和科学管理。

[5]3.3.4.4 《城镇供水管网运行、维护及安全技术规程》

在编城镇建设行业标准。

2.4 排水专业标准体系

2.4.1 综 述

城市排水系统包括污水的输送、提升、净化和排放以及雨水的收集、提升和排放等部分。近年来，随着我国人口的增长、城市化进程的加快和经济持续、快速的发展，排水工程设施建设和技术进步都有了前所未有的发展，同时也对城市排水工程建设提出了更高的要求，给水排水事业发展也面临着诸多挑战和机遇，主要表现在：满足功能要求的水资源短缺；水污染加剧，水环境质量恶化；在发展循环经济、建设节约型社会、贯彻可持续发展战略的背景下，对传统给水排水工程和技术提出了新的要求；同时，高新技术发展使得传统污水处理工艺、技术和设备得以不断更新和改造；城市化进程的加快给城市防洪、排涝提出了新的挑战。

排水工程标准是进行工程建设、施工和日常维护、运营活动统一的基本准则，这些标准的实施直接影响着排水工程设施的建设质量、工程效益、运行安全和服务质量。近年来，随着给水排水工程技术的发展，相继颁布了一批国家标准、行业标准和四川省地方标准，已形成了基本适合我国给水排水事业发展需要的标准体系和基本覆盖该技术领域的标准结构。

2.4.1.1 国内外排水专业技术发展简况

1. 国外技术发展概况

国外城市给水排水系统在 19 世纪末步入产业化发展阶段后，相关给水排水工程设施迅速普及。在城市化过程中，城镇排水工程经历了由沟渠工程、卫生工程、环境工程等理念发展阶段，上个世纪末国际上又提出了发展"生态排水（卫生）工程（ECOSAN）"的要求。城镇排水管网工程和污水处理工程技术有了较大的发展，排水工程在现代化城镇中成为不可或缺的重要基础设施。

2. 国内技术发展概况

近年来，我国国民经济持续、快速、健康的发展极大地促进了给水排水技术的发展。在污水处理技术方面，在研究开发低能耗多种自然净化技术、自然净化与人工净化相结合处理技术、多种改良型高效活性污泥法和生物膜法处理技术等方面都进行了大量的研究和工程实践；在去除氮、磷等营养物质防止水体富营养化技术等方面也取得了显著进展；城镇建设了大量污水处理设施，污水处理率不断提高，有效地改善了城镇水环境。在排水管道工程方面，各种非金属管材、优质金属管材和复合型管材竞相发展，建立了一批大型管材生产企业；新型优质管材水力性能好，耐腐蚀，接口简便、不易漏水，管道柔性好、便于施工；新型管材的开发带来工程设计、施工、验收、维护、更新改造、漏损控制等管道技术新的变革，在实践中也都取得了较大的进展；为解决水危机的矛盾和贯彻可持续发展战略，雨水综合利用技术与再生水利用技术在广泛研究和实践的基础上也有了较快发展，在实践中发挥了较好的水资源综合利用效益，建立了一批不同规模的雨水利用设施和水再生利用设施，城镇水资源利用效率稳步提高。

2.4.1.2 国内外技术标准现状

1. 国内技术标准现状

自 20 世纪 50 年代起，我国给水排水技术标准参照苏联某些标准的模式，开始编制一些技术标准和规范，设立了规范常设归口管理单位。但到了"文革时期"标准制订工作基本处于停顿状态。到 70 年代末全国仅有某些专项标准和规范。

改革开放以来，随着经济建设的加快和城镇基础设施建设的飞速发展，给水排水工程项目建设任务成倍增长。承担工程设计、施工的单位急需各方面标准。80 年代初期，开始编制城市给水排水标准体系，并按照体系的要求组织编写相关标准规范，给水排水标准工作开始进入了一个较快发展的时期。目前已形成了由国家标准、行业标准和地方标准组成的基本覆盖全行业的标准体系。

2. 国外技术标准概况

国外给水排水相关技术标准的建立已有几十年的历史了，各标准化组织依托自身的技术实力所推出的标准具有较高的适用性和成熟性，国际上已经形成了相对较为完整的科学体系。

2.4.1.3　工程技术标准体系

1. 现行标准存在的问题

2002 年建设部标准主管部门组织编制了国内第一本《建设部工程建设标准体系表》，我国已基本形成了较为完善的城镇给水排水标准体系。但目前形成的标准体系在结构设置上依然还有不尽合理之处，强调的重点与当代城镇给水排水技术发展特征和趋势衔接方面也有一定的差距，主要有以下几个问题：

（1）原有标准体系将给水和排水合并为一类。该分类方法与现行标准内容和结构不能很好的对应。

（2）原有标准体系试图以较少的标准数量，覆盖较多的专业技术内容。该原则与目前的水环境形势、城镇给水排水技术发展特征和趋势不一致。

（3）原有标准体系未纳入环境保护部门、卫生部门制定的有关给水排水方面的规范和标准，与国家对给水排水工程的管理体制不适应。

（4）原有标准体系注重于设计和运行，对施工安装和质量验收类标准纳入不够，不利于全过程控制。

2. 本标准体系的特点

本次城镇给水排水标准体系制定过程中，认真分析和总结了现行标准内容和结构，考虑了当代城镇给水排水技术发展特征和趋势，兼顾本行业及相关行业工程标准现状，结合国外标准模式，在 2002 年建设部标准体系的基础上进行调整后形成。

（1）标准体系细化。

标准体系按专业进行细化，将城镇给水专业和建筑给水排水专业分出，另行编制。

标准体系层次同 2002 年版，仍分为 3 个层次：基础标准、通用标准和专用标准。

基础标准门类仍为 3 个；通用标准和专用标准门类进行了调整，门类由原标准 5 个调整为 4 个。

门类内容划分同原标准，即仍分为（处理）工程、管道工程、再生回用和运行管理 4 类。

（2）标准范围扩大。

城镇排水专业涉及水源、收集输送、处理、排放、再生回用和运行管理，分属国家不同部门或多部门管理，因此纳入了环保部等制定的相关规范和标准。

增加了排水专业相关设备与管道的施工安装和质量验收的国家规范、标准。

（3）标准内容细化。

鉴于目前水环境形势和城镇给水排水技术及设备发展，现行标准内容呈现细化趋势，因此本标准修编时取消了原标准体系中准备编制的《城镇污水处理工程设计规范》等"大而全"标准。

本标准体系中含有技术标准 57 项，其中基础标准 6 项，通用标准 15 项，专用标准 36 项；现行标准 41 项，在编标准 10 项，待编标准 6 项。本标准体系是开放性的，技术标准的名称、内容的数量均可根据需要适时调整。

部分既适用于给水专业又同时适用于排水专业的标准，已列入第 2 章第 3 节"给水专业"标准体系中，本节不再重复。

2.4.2 排水专业标准体系框图

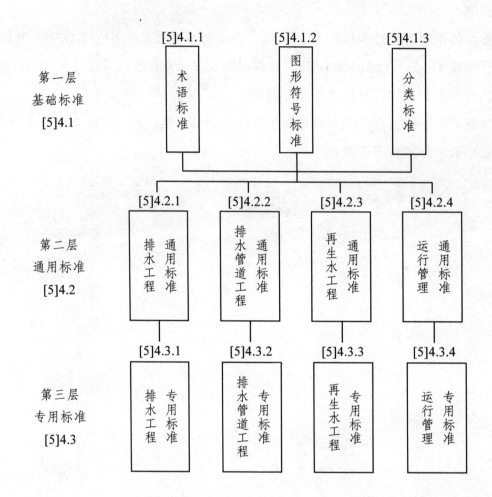

第一层
基础标准
[5]4.1

[5]4.1.1 术语标准

[5]4.1.2 图形符号标准

[5]4.1.3 分类标准

第二层
通用标准
[5]4.2

[5]4.2.1 排水工程通用标准

[5]4.2.2 排水管道工程通用标准

[5]4.2.3 再生水工程通用标准

[5]4.2.4 运行管理通用标准

第三层
专用标准
[5]4.3

[5]4.3.1 排水工程专用标准

[5]4.3.2 排水管道工程专用标准

[5]4.3.3 再生水工程专用标准

[5]4.3.4 运行管理专用标准

2.4.3 排水专业标准体系表

体系编号	标准名称	标准编号	编制出版状况			备注
			现行	在编	待编	
[5]4.1	**基础标准**					
[5]4.1.1	**术语标准**					
[5]4.1.1.1	环境工程名词术语	HJ 2016-2012	√			
[5]4.1.2	**图形符号标准（同[5]3.1.2）**					
[5]4.1.3	**分类标准**					
[5]4.1.3.1	污水综合排放标准	GB 8978-2002	√			
[5]4.1.3.2	城镇污水处理厂污染物排放标准	GB 18918-2002	√			
[5]4.1.3.3	城市污水再生利用 分类	GB/T 18919-2002	√			
[5]4.1.3.4	城镇污水处理厂污泥处置 分类	GB/T 23484-2009	√			
[5]4.1.3.5	污水排入城镇下水道水质标准	CJ 343-2010	√			
[5]4.2	**通用标准**					
[5]4.2.1	**排水工程通用标准**					
[5]4.2.1.1	室外排水设计规范（2011年版）	GB 50014-2006	√			
[5]4.2.1.2	水污染治理工程技术导则	HJ 2015-2012	√			
[5]4.2.1.3	城市污水处理厂工程施工规范			√		国标
[5]4.2.2	**排水管道工程通用标准**					
[5]4.2.2.1	城镇排水管道非开挖修复更新工程技术规范			√		行标
[5]4.2.3	**再生水工程通用标准**					
[5]4.2.3.1	城市污水再生利用 城市杂用水水质	GB/T 18920-2002	√			
[5]4.2.3.2	城市污水再生利用 景观环境用水水质	GB/T 18921-2002	√			
[5]4.2.3.3	城市污水再生利用 地下水回灌水质	GB/T 19772-2005	√			
[5]4.2.3.4	城市污水再生利用 工业用水水质	GB/T 19923-2005	√			
[5]4.2.3.5	城市污水再生利用 农田灌溉用水水质	GB 20922-2007	√			

体系编号	标准名称	标准编号	编制出版状况			备注
			现行	在编	待编	
[5]4.2.3.6	城市污水再生利用 补充水源水质			√		国标
[5]4.2.4	**运行管理通用标准**					
[5]4.2.4.1	城镇排水管道维护安全技术规程	CJJ 6-2009	√			
[5]4.2.4.2	城镇污水处理厂运行、维护及其安全技术规程	CJJ 60-2011	√			
[5]4.2.4.3	城镇排水管渠与泵站维护技术规程	CJJ 68-2007	√			修订
[5]4.2.4.4	城市污水处理厂污泥检验方法	CJ/T 221-2005	√			
[5]4.2.4.5	城镇再生水厂运行维护技术规程			√		行标
[5]4.3	**专用标准**					
[5]4.3.1	**排水工程专用标准**					
[5]4.3.1.1	城市污水处理厂污泥泥质	GB 24188-2009	√			
[5]4.3.1.2	城市污水处理厂工程质量验收规范	GB 50334-2002	√			
[5]4.3.1.3	雨水集蓄利用工程技术规范	GB/T 50596-2010	√			
[5]4.3.1.4	污水稳定塘设计规范	CJJ/T 54-93	√			
[5]4.3.1.5	镇（乡）村排水工程技术规程	CJJ 124-2008	√			
[5]4.3.1.6	城镇污水处理厂污泥处理技术规程	CJJ 131-2009	√			
[5]4.3.1.7	村庄污水处理设施技术规程	CJJ/T 163-2011	√			
[5]4.3.1.8	城市污水处理厂管道和设备色标	CJ/T 158-2002	√			
[5]4.3.1.9	厌氧-缺氧-好氧活性污泥法污水处理工程技术规范	HJ 576-2010	√			
[5]4.3.1.10	序批式活性污泥法污水处理工程技术规范	HJ 577-2010	√			
[5]4.3.1.11	氧化沟活性污泥法污水处理工程技术规范	HJ 578-2010	√			
[5]4.3.1.12	膜分离法污水处理工程技术规范	HJ 579-2010	√			
[5]4.3.1.13	含油污水处理工程技术规范	HJ 580-2010	√			
[5]4.3.1.14	人工湿地污水处理工程技术规范	HJ 2005-2010	√			
[5]4.3.1.15	污水混凝与絮凝处理工程技术规范	HJ 2006-2010	√			
[5]4.3.1.16	污水过滤处理工程技术规范	HJ 2008-2010	√			

体系编号	标准名称	标准编号	编制出版状况			备注
			现行	在编	待编	
[5]4.3.1.17	生物接触氧化法污水处理工程技术规范	HJ 2009-2011	√			
[5]4.3.1.18	膜生物法污水处理工程技术规范	HJ 2010-2011	√			
[5]4.3.1.19	升流式厌氧污泥床反应器污水处理工程技术规范	HJ 2013-2012	√			
[5]4.3.1.20	内循环好氧生物流化床污水处理工程技术规范	HJ 2021-2012	√			
[5]4.3.1.21	城市雨水调蓄工程技术规范			√		国标
[5]4.3.1.22	污水生物膜法处理工程技术规范——生物滤池法			√		行标
[5]4.3.1.23	城镇污水处理厂臭气处理技术规程			√		行标
[5]4.3.1.24	生物自处理化粪池技术规程			√		行标
[5]4.3.1.25	城市道路排水工程施工安全技术规程			√		地标
[5]4.3.1.26	四川省农村生活污水处理工程技术规范				√	地标
[5]4.3.2	**排水管道工程专用标准**					
[5]4.3.2.1	埋地塑料排水管道工程技术规程	CJJ 143-2010	√			
[5]4.3.2.2	室外排水塑料管道工程技术规程			√		行标
[5]4.3.3	**再生水工程专用标准**					
[5]4.3.3.1	污水再生利用工程设计规范	GB 50335-2002	√			
[5]4.3.3.2	城镇污水再生利用管道技术规程				√	地标
[5]4.3.3.3	四川省再生水处理设施设计、管理、维护技术规程				√	地标
[5]4.3.4	**运行管理专用标准**					
[5]4.3.4.1	城镇排水管道检测与评估技术规程	CJJ 181-2012	√			
[5]4.3.4.2	城镇排水设施气体的检测方法	CJ/T 307-2009	√			
[5]4.3.4.3	四川省污水处理厂运行、维护、管理技术规程				√	地标
[5]4.3.4.4	四川省污水处理厂技术经济评价指标体系				√	地标
[5]4.3.4.5	四川省城镇污水处理厂绩效评估技术规程				√	地标

2.4.4 排水专业标准体系项目说明

[5]4.1 基础标准

[5]4.1.1 术语标准

[5]4.1.1.1《环境工程名词术语》（HJ 2016-2012）

本标准规定了水污染控制工程、大气污染控制工程、固体废物污染控制工程、噪声与振动污染控制工程、电磁辐射污染控制工程、污染土壤修复工程等领域常用的名词术语及其定义。本标准适用于环境工程设计、项目管理、建设、运营及技术交流等领域使用的名词术语。

[5]4.1.2 图形符号标准

同[5]3.1.2。

[5]4.1.3 分类标准

[5]4.1.3.1《污水综合排放标准》（GB 8978-2002）

本标准按照污水排放去向，分年限规定了 69 种水污染物最高允许排放浓度及部分行业最高允许排水量。本标准适用于现有单位水污染物的排放管理，以及建设项目的环境影响评价、建设项目环境保护设施设计、竣工验收及其投产后的排放管理。另外，《医疗机构水污染物排放标准》（GB 18466-2005）、《皂素工业水污染物排放标准》（GB 20425-2006）、《煤炭工业污染物排放标准》（GB 20426-2006）部分替代本标准相应内容。

[5]4.1.3.2《城镇污水处理厂污染物排放标准》（GB 18918-2002）

本标准规定了城镇污水处理厂出水、废气排放和污泥处置（控制）的污染物限值。本标准使用于城镇污水处理厂出水、废气排放和污泥处置（控制）的管理。居民小区和工业企业内独立的生活污水处理设施污染物的排放管理，也按本标准执行。

[5]4.1.3.3《城市污水再生利用分类》（GB/T 18919-2002）

本标准规定了城市污水再生利用分类原则、类别和范围。本标准适用于水资源利用的规划、城市污水再生利用工程设计和管理，并为制定城市污水再生利用各类水质标准提供依据。

[5]4.1.3.4《城镇污水处理厂污泥处置分类》（GB/T 23484-2009）

本标准规定了城镇污水处理厂污泥处置方式的分类和范围。本标准适用于城镇污水处理厂污泥处置工程的建设、运营和管理。

[5]4.1.3.5《污水排入城镇下水道水质标准》（CJ 343-2010）

本标准规定了排入城镇下水道污水的水质要求、取样与监测。本标准适用于向城镇下水道排放污水的排水户的排水水质。

[5]4.2 通用标准

[5]4.2.1 排水工程通用标准

[5]4.2.1.1《室外排水设计规范（2011 年版）》（GB 50014-2006）

本规范是对《室外排水设计规范》（GB50014-200）进行局部修订而成的。本规范主要技术内容包括：总则，术语和符号，设计流量和设计水质，排水管渠和附属构筑物，泵站，污水处理，污泥处理和处置，检测和控制。本规范适用于新建、扩建和改建的城镇、工业区和居住区的永久性的室外排水工程设计。

[5]4.2.1.2《水污染治理工程技术导则》（HJ 2015-2012）

为贯彻《中华人民共和国环境保护法》和《中华人民共和国水污染防治法》，规范水污染治理工程的设计、施工、验收和运行维护，改善水环境质量，制定本标准。本标准规定了水污染治理工程在设计、施工、验收和运行维护中的通用技术要求。本标准为环境工程技术规范体系中的通用技术规范，适用于厂（站）式污（废）水处理工程。对于有相应的工艺技术规范或污染源控制技术规范的工程，应同时执行本标准和相应的工艺技术规范或污染源控制技术规范。本标准可作为水污染治理工程环境影响评价、设计、施工、竣工验收及运行维护的技术依据。

[5]4.2.1.16《城市污水处理厂工程施工规范》

在编国家标准。

[5]4.2.2 排水管道工程通用标准

[5]4.2.2.1《城镇排水管道非开挖修复更新工程技术规范》

在编城镇建设行业标准。

[5]4.2.3 再生水工程通用标准

[5]4.2.3.1《城市污水再生利用 城市杂用水水质》（GB/T 18920-2002）

本标准规定了城市杂用水水质标准、采样及分析方法。本标准适用于厕所便器冲洗、道路清扫、消防、城市绿化、车辆冲洗、建筑施工杂用水。

[5]4.2.3.2《城市污水再生利用 景观环境用水水质》（GB/T 18921-2002）

本标准规定了作为景观环境用水的再生水水质指标和再生水利用方式。本标准适用于作为景观环境用水的再生水。

[5]4.2.3.3《城市污水再生利用 地下水回灌水质》（GB/T 19772-2005）

本标准规定了利用城市污水再生水进行地下水回灌时应控制的项目及其限值、取样与监测。本标准适用于以城市污水再生水为水源，在各级地下水饮用水源保护区外，以非饮用为目的，采用地表回灌的方式进行地下水回灌。

[5]4.2.3.4《城市污水再生利用 工业用水水质》（GB/T 19923-2005）

本标准规定了作为工业用水的再生水的水质标准和再生水利用方式。本标准适用于以城市污水再生水为水源，作为工业用水的下列范围：冷却用水（包括直流式、循环式补充水），洗涤用水（包括冲渣、冲灰、消烟除尘、清洗等），锅炉用水（包括低压、中压锅炉补给水），工艺用水（括溶料、蒸煮、漂洗、水力开采、水力输送、增湿、稀释、搅拌、选矿、油田回注等），产品用水（包括浆料、化工制剂、涂料等）。

[5]4.2.3.5《城市污水再生利用 农田灌溉用水水质》（GB 20922-2007）

本标准规定了城市污水再生利用灌溉农田的规范性引用文件、术语和定义、水质要求、其他规定和检测与分析方法。本标准适用于以城市污水处理厂出水为水源的农田灌溉用水。

[5]4.2.3.6《城市污水再生利用 补充水源水质》

在编国家标准。

[5]4.2.4 运行管理通用标准

[5]4.2.4.1《城镇排水管道维护安全技术规程》（CJJ 6-2009）

本规程主要技术内容包括：总则，术语，基本规定，维护作业，井下作业，防护设备和用品，事故应急救援。本规程适用于城镇排水管道及其附属构筑物的维护安全作业。

[5]4.2.4.2《城镇污水处理厂运行、维护及其安全技术规程》（CJJ 60-2011）

本规程主要技术内容包括：总则，一般规定，污水处理，深度处理，污泥处理与处置，臭气处理，化验监测，电气及自动控制，生产运行记录及报表，应急预案。本规程适用于城市污水处理厂。企业废水处理厂、站可参照执行。

[5]4.2.4.3《城镇排水管渠与泵站维护技术规程》（CJJ 68-2007）

本规程主要技术内容包括：总则，术语，排水管渠，排水泵站。本规程适用于城镇排水管渠和排水泵站的维护。目前该规程在修订中。

[5]4.2.4.4《城市污水处理厂污泥检验方法》（CJ/T 221-2005）

本标准规定了城市污泥中有机物含量的测定。本标准适用于污水处理厂和城市其他污泥中的有机物含量的测定。

[5]4.2.4.5《城镇再生水厂运行维护技术规程》

在编城镇建设行业标准。

[5]4.3 专用标准

[5]4.3.1 排水工程专用标准

[5]4.3.1.1《城市污水处理厂污泥泥质》（GB 24188-2009）

本标准规定了城镇污水处理厂污泥泥质的控制指标及限值。本标准适用于城镇污水处理厂的污泥。居民小区的污水处理设施的污泥，可参照本标准执行。

[5]4.3.1.2《城市污水处理厂工程质量验收规范》（GB 50334-2002）

本规范主要内容包括：总则，术语，基本规定，施工测量，地基与基础工程，污水处理构筑物，污泥处理构筑物，泵房工程，管线工程，沼气柜（罐）和压力容器工程，机电设备安装工程，自动控制及监视系统，厂区配套工程。本规范适用于新建、扩建、改建的城市污水处理厂工程施工质量验收。

[5]4.3.1.3《雨水集蓄利用工程技术规范》（GB/T 50596-2010）

本规范主要内容包括：总则，术语，基本规定，规划，工程规模和工程布置，设计，施工与设备安装，工程验收，工程管理等。本规范适用于地表水和地下水缺乏或开发利用困难，且多年平均降水量大于 250 mm 的半干旱地区和经常发生季节性缺水的湿润、半湿润山丘地区，以及海岛和沿海地区雨水集蓄利用工程的规划、设计、施工、验收和管理。本规范不适用于城市雨水集蓄利用工程。

[5]4.3.1.4《污水稳定塘设计规范》（CJJ/T 54-93）

本规范主要技术内容包括：总则，术语，水质，总体布置，工艺流程，各种污水稳定塘设计，塘体设计，附属设施。本规范适用于处理城镇生活污水及与城镇生活污水水质相近的工业废水的污水稳定塘的设计。

[5]4.3.1.5《镇（乡）村排水工程技术规程》（CJJ 124-2008）

本规程主要技术内容包括：总则，术语和符号，镇（乡）排水，村排水，施工与质量验收。本规程适用于县城以外且规划设施服务人口在 50 000 人以下的镇（乡）和村的新建、扩建和改建的排水工程。

[5]4.3.1.6 《城镇污水处理厂污泥处理技术规程》（CJJ 131-2009）

本规程主要技术内容包括：术语，方案设计，堆肥，石灰稳定，热干化，焚烧，施工及验收，运行管理，安全措施和检测控制。本规程适用于城镇污水处理厂产生的初沉污泥、剩余污泥及其混合污泥处理的方案设计、施工验收、运行管理、安全措施和检测控制。

[5]4.3.1.7 《村庄污水处理设施技术规程》（CJJ/T 163-2011）

本规程主要技术内容包括：总则，术语和符号，镇（乡）排水，村排水，施工与质量验收。本规程适用于规划设施人口在 5 000 人以下行政村、自然村以及分散农户新建、扩建和改建的生活污水（包括居民厕所、盥洗和厨房排水等）处理设施的设计、施工和验收。不适用于专业养殖户、农产品加工、工业园区及乡镇企业等生产污水处理设施。

[5]4.3.1.8 《城市污水处理厂管道和设备色标》（CJ/T 158-2002）

本标准规定了城市污水处理厂工艺管道和设备的涂色及安全色的要求。本标准适用于城市污水处理厂和城市污水泵站，其他各类污水处理厂（站）可参照执行。

[5]4.3.1.9 《厌氧-缺氧-好氧活性污泥法污水处理工程技术规范》（HJ 576-2010）

本标准规定了采用厌氧-缺氧-好氧活性污泥法的污水处理工程工艺设计、电气、检测与控制、施工及验收、运行与维护的技术要求。本标准适用于采用厌氧-缺氧-好氧活性污泥法的城镇污水和工业废水处理工程，可作为环境影响评价、设计、施工、验收及建成后运行与管理的技术依据。

[5]4.3.1.10 《序批式活性污泥法污水处理工程技术规范》（HJ 577-2010）

本标准规定了采用序批式活性污泥法的污水处理工程工艺设计、主要工艺设备、检测与控制、施工与验收、运行与维护的技术要求。本标准适用于采用序批式活性污泥法的城镇污水和工业废水处理工程，可作为环境影响评价、设计、施工、环境保护验收及设施运行管理的技术依据。

[5]4.3.1.11 《氧化沟活性污泥法污水处理工程技术规范》（HJ 578-2010）

本标准规定了采用氧化沟活性污泥法的污水处理工程工艺设计、主要设备、检测与控制、施工与验收、运行与维护的技术要求。本标准适用于采用氧化沟活性污泥法的城镇污水和工业废水处理工程，可作为环境影响评价、设计、施工、验收及建成后运行与管理的技术依据。

[5]4.3.1.12 《膜分离法污水处理工程技术规范》（HJ 579-2010）

本标准规定了采用膜分离法污水处理工程的设计参数、系统安装与调试、工程验收、运行管理，以及预处理、后处理工艺的选择。本标准适用于以膜分离法进行污水处理回用的工程，可作为环境影响评价、环境保护设施设计与施工、建设项目竣工环境保护验收及建成后运行与管理的技术依据。本标准所指的膜分离法为微滤、超滤、纳滤及反渗透膜分离技术。本标准不适用于以膜生物反应器法和荷电膜进行污水处理及回用的膜分离工程。

[5]4.3.1.13《含油污水处理工程技术规范》（HJ 580-2010）

本标准规定了含油污水处理工程的设计、施工、验收、运行及维护管理工作的基本要求。本标准适用于以油污染为主的污水处理工程，可作为环境影响评价、环境保护设施设计与施工、建设项目竣工环境保护验收及建成后运行与管理的技术依据。

[5]4.3.1.14《人工湿地污水处理工程技术规范》（HJ 2005-2010）

本标准规定了人工湿地污水处理工程的总体要求、工艺设计、施工与验收、运行与维护等技术要求。本标准适用于城镇生活污水、城镇污水处理厂出水及与生活污水性质相近的其他污水处理工程，可作为人工湿地污水处理工程设计、施工、建设项目竣工环境保护验收及建成后运行与维护的技术依据。

[5]4.3.1.15《污水混凝与絮凝处理工程技术规范》（HJ 2006-2010）

本标准规定了污水处理工程中所采用的混凝与絮凝工艺的总体要求、工艺设计、设备选型、检测和控制、运行管理的技术要求。本标准适用于城镇污水或工业废水处理工程过滤单元工艺的设计、施工验收、运行管理，可作为可行性研究、环境影响评价、工艺设计、工程验收、运行管理的技术依据。

[5]4.3.1.16《污水过滤处理工程技术规范》（HJ 2008-2010）

本标准规定了污水处理工程中所采用的过滤工艺的总体要求、工艺设计、设备选型、检测和控制、施工验收、运行管理的技术要求。本标准适用于城镇污水或工业废水处理工程中采用混凝与絮凝工艺的设计、施工、验收、运行管理，可作为可行性研究、环境影响评价、工艺设计、施工验收、运行管理的技术依据。

[5]4.3.1.17《生物接触氧化法污水处理工程技术规范》（HJ 2009-2011）

本标准规定了采用接触氧化法及其组合工艺的污水处理工程的工艺设计、主要工艺设备和材料、检测和过程控制、施工与验收、运行与维护等技术要求。本标准适用于采用接触氧化法及其组合工艺的生活污水或工业废水处理工程，可作为环境影响评价、工程设计、施工、环境保护验收及设施运行与管理的技术依据。

[5]4.3.1.18《膜生物法污水处理工程技术规范》（HJ 2010-2011）

本标准规定了膜生物法污水处理工程的工艺设计、主要工艺设备和材料、检测与控制、施工与验收、运行与维护等技术要求。本标准适用于采用膜生物法的城镇污水及具有可生化性的工业废水处理和回用工程，可作为环境影响评价、设计、施工、环境保护验收及设施运行与管理的技术依据。

[5]4.3.1.19《升流式厌氧污泥床反应器污水处理工程技术规范》（HJ 2013-2012）

本标准规定了升流式厌氧污泥床（UASB）反应器污水厌氧生物处理工程的工艺设计、检测和控制、辅助工程、施工与验收、运行与维护的技术要求。本标准适用于采用升流式厌氧污泥床（UASB）反应器处理、高浓度有机废水处理工程的设计、建设与运行管理，可作为环境影响评价、设计、施工、验收及建成后运行与管理的技术依据。

[5]4.3.1.20《内循环好氧生物流化床污水处理工程技术规范》（HJ 2021-2012）

本标准规定了内循环好氧生物流化床污水处理工程的工艺设计、主要设备、检测和控制、运行管理的技术要求。本标准适用于采用内循环好氧生物流化床工艺的城镇污水或工业废水处理工程，可作为环境影响评价、设计、施工、环境保护验收及建成后运行与管理的技术依据。

[5]4.3.1.21《城市雨水调蓄工程技术规范》

在编国家标准。

[5]4.3.1.22《污水生物膜法处理工程技术规范——生物滤池法》

在编城镇建设行业标准。

[5]4.3.1.23《城镇污水处理厂臭气处理技术规程》

在编城镇建设行业标准。

[5]4.3.1.24《生物自处理化粪池技术规程》

在编城镇建设行业标准。

[5]4.3.1.25《城市道路排水工程施工安全技术规程》

在编四川省工程建设地方标准。

[5]4.3.1.26《四川省农村生活污水处理工程技术规范》

待编四川省工程建设地方标准。针对目前我省农村生活污水处理工程由于缺少规范的指导而引起的技术选用盲目、处理效果难以保证、监督管理难以开展等各种问题，建议制定本标准，以防止农村生活污水污染，规范我省分散性农村生活污水处理工程的设计、建设及运行管理，改善环境质量，切实提高我省农村生活污水处理水平。

[5]4.3.2 排水管道工程专用标准

[5]4.3.2.1《埋地塑料排水管道工程技术规程》（CJJ 143-2010）

本规程规定了有关埋地塑料排水管道工程的术语和符号、材料、设计、施工、检验和验收等，适用于新建、扩建或改建的无压埋地塑料排水管道工程的设计、施工及验收。

[5]4.3.2.2《室外排水塑料管道工程技术规程》

在编城镇建设行业标准。

[5]4.3.3 再生水工程专用标准

[5]4.3.3.1《污水再生利用工程设计规范》（GB 50335-2002）

本规范主要规定了有关污水再生利用工程的术语、方案设计的基本规定、污水再生利用分类和水质控制指标、污水再生利用系统、再生处理工艺与构筑物设计、安全措施和检测控制等，适用以农业用水、工业用水、城镇杂用水、景观环境用水等为再生利用目标的新建、扩建和改建的污水再生利用工程设计。

[5]4.3.3.2《城镇污水再生利用管道技术规程》

待编四川省工程建设地方标准。为确保污水再生利用管道工程的设计、施工、运行质量，做到安全可靠、技术先进、经济合理，建议制定本规程。

[5]4.3.3.3《四川省再生水处理设施设计、管理、维护技术规程》

待编四川省工程建设地方标准。为进一步提高再生水设施的技术和管理水平，确保再生水设施安全、稳定、高效运行，建议制定本规程。

[5]4.3.4 运行管理专用标准

[5]4.3.4.1《城镇排水管道检测与评估技术规程》（CJJ 181-2012）

本规程主要技术内容包括：总则，术语和符号，基本规定，电视检测，声呐检测，管道潜望镜检测，传统方法检查，管道评估，检查井和雨水口检查，成果资料。本规程适用于对既有城镇排水管道及其附属构筑物进行的检测与评估。

[5]4.3.4.2《城镇排水设施气体的检测方法》（CJ/T 307-2009）

本标准规定了城镇下水道中的可燃性气体、硫化氢、氧气、氨气、一氧化碳、二氧化硫、氯气、二氧化碳和总挥发性气体的实验室检测方法和（或）现场快速检测方法。本标准适用于城镇接纳和输送城镇污水、工业废水和雨水的管网、沟渠和泵站，污水处理设施，污泥最终处置设施及其他相关设施中蓄积气体的检测。

[5]4.3.4.3《四川省污水处理厂运行、维护、管理技术规程》

待编四川省工程建设地方标准。针对我省各污水处理厂情况，为进一步统一及规范我省各城镇污水处理厂的技术和管理水平，确保污水处理厂安全、稳定、高效运行，达标排放，实现净化水质、处理和处置污泥、保护环境，使资源得到充分利用，建议制定本规程。

[5]4.3.4.4《四川省污水处理厂技术经济评价指标体系》

待编四川省工程建设地方标准。目前国内对城市污水处理厂技术性和经济性单方面的评价方法较多，但对两者的综合评价却还不够完善。由于污水处理工艺众多、构筑物形式多样性、涉及知识繁杂，尤其不确定因素众多，实际情况千差万别，并且新的处理工艺不断涌现，使得对污水处理厂的综合评价困难较大。因此，建议建立一套科学、严密、完整的城镇污水处理厂综合评价体系，对城市污水处理厂进行评价，从而找出存在的问题，校正其进一步发展的方向，使已经建成的污水处理厂更好地发挥作用，并为拟建和在建污水处理厂提供参考基准和依据。

[5]4.3.4.5《四川省城镇污水处理厂绩效评估技术规程》

待编四川省工程建设地方标准。节能减排作为约束性指标被列为国家"十一五"规划纲要，为充分发挥污水处理厂现有设施的功能，提高城镇污水处理厂的运营管理水平，建议制定本规程，进一步规范及统一我省城镇污水处理厂绩效评估技术。

2.5 燃气专业标准体系

2.5.1 综 述

城镇燃气与居民的生活、生产、安全及环境保护等密切相关，各级政府对此都非常重视。随着四川省燃气行业的快速发展，建立燃气专业标准体系已迫在眉睫。

城镇燃气工程包括气源、输配和应用三大部分。它担负着方便城市人民生活、改变城市燃料结构、改善城市大气环境质量的重要任务。专家们公认，21 世纪的城镇燃气将是天然气的时代。随着"天然气时代"的到来，燃气行业将会有一个飞跃的发展。

2.5.1.1 国内外专业技术发展简况

1. 气源技术发展情况

目前，人工制气在四川省城镇燃气气源中占有很少的比例。由于工艺装备水平落后，人工气在制气过程中会产生大量的有害排放物，在重视环境保护的今天，世界各国都在限制人工制气的使用和发展。我国目前也加大了对环境保护的力度。从世界能源的发展趋势来看，石油和天然气的比例将会不断增大。我省城镇燃气气源目前绝大部分使用洁净高效的天然气。

目前，以沼气（生物制气、垃圾制气）为气源在乡镇被广泛利用，但不包括在本行业范围内，其内容见"城镇市容环境卫生专业"及农业部有关规范。

2. 输配技术发展情况

由于天然气使用范围的不断扩大，输气压力的不断提高，使用的管材除传统的钢管外又增加了塑料管、钢塑复合管等新型管材。

在道路特别是交通主干道上敷设燃气管道，会直接影响交通运输和居民出行。在国外，顶管技术在燃气行业已普遍应用。在国内和四川省，一些燃气公司已引进顶管技术和设备，并在许多城市主要道路的燃气管道施工上应用。

3. 应用技术发展情况

近年来，燃料价格的不稳定和上涨，不断地困扰着世界各国的经济发展。为了提高一次能源的利用率，减轻燃料对环境的污染，使用燃气发动机驱动空调技术日益受到人们的关注。目前，国内和四川省商业用户的冷热机组、三连供（冷、热、电）也随着大型建筑的不断增加而发展。随着国家对环境保护力度的加大，单户燃气采暖、汽车用燃气也发展得很快。用气地点也从地上建筑物用气扩大到地下街、地下室等场地用气。为确保人身财产安全和人体健康，一些控制、报警、切断、通风等控制设备和仪表在燃气行业也得到广泛的应用。

2.5.1.2　工程标准体系

目前，四川省燃气行业还没有标准体系。因此，我们应尽快建立和完善标准体系，提高燃气标准水平，与全国标准接轨，以提高燃气行业的技术和管理水平。同时，还要根据省情制定适合我省燃气行业的技术法规。

四川省的城镇燃气工程技术标准体系，在竖向分为基础标准、通用标准、专用标准3个层次；在横向按工艺流程及状态分为燃气气源，燃气储存、输配，燃气应用3个专业门类。形成了较科学、较完整、可操作的标准体系，基本上可适应今后5～10年的燃气工程设计、施工及验收、技术管理的发展需要。

本标准体系中含有技术标准58项。其中，基础标准16项，通用标准12项，专用标准30项；现行标准55项，在编标准3项。本标准体系表是开放性的，技术标准的名称、内容和数量均可根据需要而实时调整。

2.5.2 燃气专业标准体系框图

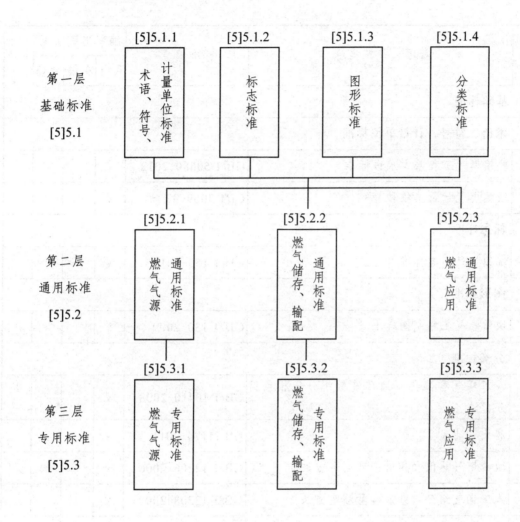

第一层
基础标准
[5]5.1

[5]5.1.1 术语、计量单位标准、符号、
[5]5.1.2 标志标准
[5]5.1.3 图形标准
[5]5.1.4 分类标准

第二层
通用标准
[5]5.2

[5]5.2.1 燃气气源通用标准
[5]5.2.2 燃气储存、输配通用标准
[5]5.2.3 燃气应用通用标准

第三层
专用标准
[5]5.3

[5]5.3.1 燃气气源专用标准
[5]5.3.2 燃气储存、输配专用标准
[5]5.3.3 燃气应用专用标准

2.5.3 燃气专业工程建设标准体系表

体系编号	标准、规范名称	标准编号	编制出版状况			备注
			现行	在编	待编	
[5]5.1	**基础标准**					
[5]5.1.1	**术语、符号、计量单位标准**					
[5]5.1.1.1	城镇燃气工程基本术语标准	GB/T 50680-2012	√			
[5]5.1.1.2	城镇燃气计量单位和符号	CJ/T 3069-97	√			
[5]5.1.2	**标志标准**					
[5]5.1.2.1	城镇燃气标志标准	CJJ/T 153-2010	√			
[5]5.1.3	**图形标准**					
[5]5.1.3.1	城镇燃气工程制图标准	CJJ/T 130-2009	√			
[5]5.1.4	**分类标准**					
[5]5.1.4.1	人工煤气和液化石油气常量组分气相色谱分析法	GB/T 10410-2008	√			
[5]5.1.4.2	液化石油气	GB 11174-2011	√			
[5]5.1.4.3	城镇燃气热值和相对密度测定方法	GB/T 12206-2006	√			
[5]5.1.4.4	人工煤气组分与杂质含量测定方法	GB/T 12208-2008	√			
[5]5.1.4.5	天然气的组成分析 气相色谱法	GB/T 13610-2003	√			
[5]5.1.4.6	城镇燃气分类和基本特性	GB/T 13611-2006	√			
[5]5.1.4.7	人工煤气	GB/T 13612-2006	√			
[5]5.1.4.8	天然气	GB 17820-2012	√			
[5]5.1.4.9	车用压缩天然气	GB 18047-2000	√			
[5]5.1.4.10	车用液化石油气	GB 19159-2003	√			
[5]5.1.4.11	液化天然气的一般特性	GB/T 19204-2003	√			
[5]5.1.4.12	混空轻烃燃气	CJ/T 341-2010	√			

体系编号	标准、规范名称	标准编号	编制出版状况			备注
			现行	在编	待编	
[5]5.2	**通用标准**					
[5]5.2.1	**燃气气源通用标准**					
[5]5.2.1.1	城镇燃气技术规范	GB 50494-2009	√			
[5]5.2.2	**燃气储存、输配通用标准**					
[5]5.2.2.1	液化气体气瓶充装规定	GB 4193-2009	√			
[5]5.2.2.2	天然气计量系统技术要求	GB/T 18603-2001	√			
[5]5.2.2.3	液化天然气（LNG）生产、储存和装运	GB/T 20368-2006	√			
[5]5.2.2.4	气瓶充装站安全技术条件	GB 27550-2011	√			
[5]5.2.2.5	城镇燃气设计规范	GB 50028-2006	√			
[5]5.2.2.6	石油天然气工程设计防火规范	GB 50183-2004	√			
[5]5.2.2.7	输油管道工程设计规范	GB 50253-2003	√			
[5]5.2.2.8	燃气系统运行安全评价标准	GB/T 50811-2012	√			
[5]5.2.2.9	城镇燃气输配工程施工及验收规范	CJJ 33-2005	√			
[5]5.2.2.10	城镇燃气设施运行、维护和抢修安全技术规程	CJJ 51-2006	√			
[5]5.2.3	**燃气应用通用标准**					
[5]5.2.3.1	城镇燃气室内工程施工与质量验收规范	CJJ 94-2009	√			
[5]5.3	**专用标准**					
[5]5.3.1	**燃气气源专用标准**					
[5]5.3.1.1	发生炉煤气站设计规范	GB 50195-2013	√			
[5]5.3.2	**燃气储存、输配专用标准**					
[5]5.3.2.1	工业企业煤气安全规程	GB 6222-2005	√			
[5]5.3.2.2	用气体超声波流量计测量天然气流量	GB/T 18604-2001	√			
[5]5.3.2.3	用气体涡轮流量计测量天然气流量	GB/T 21391-2008	√			
[5]5.3.2.4	用标准孔板流量计测量天然气流量	GB/T 21446-2008	√			
[5]5.3.2.5	汽车加油加气站设计与施工规范	GB 50156-2012	√			
[5]5.3.2.6	聚乙烯燃气管道工程技术规程	CJJ 63-2008	√			

体系编号	标准、规范名称	标准编号	编制出版状况			备注
			现行	在编	待编	
[5]5.3.2.7	城镇燃气埋地钢质管道腐蚀控制技术规程	CJJ 95-2003	√			
[5]5.3.2.8	燃气冷热电三联供工程技术规程	CJJ1 45-2010	√			
[5]5.3.2.9	城镇燃气报警控制系统技术规程	CJJ/T 146-2011	√			
[5]5.3.2.10	城镇燃气管道非开挖修复更新工程技术规程	CJJ/T 147-2010	√			
[5]5.3.2.11	城镇燃气加臭技术规程	CJJ/T 148-2010	√			
[5]5.3.2.12	城镇燃气管网泄露检测术规程	CJJ/T 215-2014	√			
[5]5.3.2.13	埋地钢质管道聚乙烯防腐蚀层技术标准	SY/T 0413-2002	√			
[5]5.3.2.14	钢质管道聚乙烯胶带防腐蚀层技术标准	SY/T 0414-2007	√			
[5]5.3.2.15	埋地钢质管道石油沥青防腐蚀层技术标准	SY/T 0420-97	√			
[5]5.3.2.16	埋地钢质管道环氧煤沥青防腐层技术标准	SY/T 0447-96	√			
[5]5.3.2.17	储罐抗震用金属软管和波纹补偿器选用标准	SY/T 4073-1994	√			
[5]5.3.2.18	金属焊接结构湿式气柜施工及验收规范	HGJ 212-83	√			
[5]5.3.2.19	燃气用聚乙烯管道焊接技术规则	TSG D2002-2006	√			
[5]5.3.2.20	燃气用衬塑（PE）、衬不锈钢铝合金管道工程技术规程	DB51/T 5034-2012	√			
[5]5.3.2.21	燃气管道环压连接技术规程	DB51/T 5035-2012	√			
[5]5.3.2.22	燃气用卡压粘接式薄壁不锈钢管道工程技术规程	DBJ51/T 023-2014	√			
[5]5.3.2.23	压缩天然气供应站设计规范			√		国标
[5]5.3.2.24	液化石油气供应工程设计规范			√		国标
[5]5.3.2.25	城镇燃气管道穿跨越工程技术规程			√		行标
[5]5.3.3	**燃气应用专用标准**					
[5]5.3.3.1	液化石油气钢瓶定期检验与评定	GB 8334-2011	√			
[5]5.3.3.2	家用燃气燃烧器具安全管理规则	GB 17905-2008	√			
[5]5.3.3.3	家用燃气燃烧器具安装及验收规程	CJJ 12-99	√			
[5]5.3.3.4	城镇燃气室内工程施工及验收规范	CJJ 94-2009	√			

2.5.4 燃气专业标准体系项目说明

[5]5.1 基础标准

[5]5.1.1 术语、符号、计量单位标准

[5]5.1.1.1《城镇燃气工程基本术语标准》（GB/T 50680-2012）

　　本标准确定了燃气工程技术的基本术语，适用于城镇燃气工程及相关领域。燃气工程的文件、图纸、科技文献使用的术语，应符合本标准的规定。

[5]5.1.1.2《城镇燃气计量单位和符号》（CJ/T 3069-97）

　　本标准确定了城镇燃气工程中所采用的计量单位和符号。本标准适用于城镇燃气工程设计、施工和城镇燃气文献、教材、书刊、手册等的编写。

[5]5.1.2 标志标准

[5]5.1.2.1《城镇燃气标志标准》（CJJ/T 153-2010）

　　本标准适用于城镇燃气生产、输配系统及各类燃气相关场所图形标志及其制作、使用和维护管理。

[5]5.1.3 图形标准

[5]5.1.3.1《城镇燃气工程制图标准》（CJJ/T 130-2009）

　　本标准适用于下列燃气工程的手工和计算机制图：（1）新建、改建、扩建工程的各阶段设计图、竣工图；（2）既有燃气设施的实测图；（3）通用设计图、标准设计图。本标准的主要内容有总则、制图基本规定、常用代号和图形符号、图样内容及画法等。

[5]5.1.4 分类标准

[5]5.1.4.1《人工煤气和液化石油气常量组分气相色谱分析法》（GB/T 10410-2008）

　　本标准规定了人工煤气和液化石油气中主要常量组分的气相色谱分析法。本标准适用于 GB/T 13611、GB/T 13612 和 GB 11174 中规定的人工煤气和液化石油气。

[5]5.1.4.2《液化石油气》（GB 11174-2011）

　　本标准规定了液化石油气产品的分类和标记、要求和试验方法、检验规则、标志、包装、运输和贮存、交货验收和安全。本标准适用于作工业和民用燃料的液化石油气。

[5]5.1.4.3《城镇燃气热值和相对密度测定方法》（GB/T 12206-2006）

本标准规定了用"容克式水流式热量计"测定城镇燃气热值、用"本生-希林式气体相对密度计"测定气体相对密度的方法。

[5]5.1.4.4《人工煤气组分与杂质含量测定方法》（GB/T 12208-2008）

本标准规定了城镇燃气中人工煤气的组分以及焦油和灰尘、萘、氨、硫化氢等杂质含量的分析范围、原理、试剂和材料、仪器、取样、分析、结果计算和精密度等的要求。

本标准适用于 GB/T 13611 规定的人工煤气组分及杂质的分析。

[5]5.1.4.5《天然气的组成分析 气相色谱法》（GB/T 13610-2003）

本标准规定了用气相色谱法测定天然气及类似气体混合物的化学组成的分析方法。本标准适用于如表 3 所示天然气组分范围的分析，也适用于一个或几个组分的测定。

本标准不涉及与其应用有关的所有安全问题。在使用本标准前，使用者有责任制定相应的安全和健康操作规程，并明确其限定的适用范围。

表 3　天然气的组分及浓度范围（摩尔分数）

组分	浓度范围（摩尔分数）y/%
氦	0.01～10
氢	0.01～10
氧	0.01～20
氮	0.01～100
二氧化碳	0.01～100
甲烷	0.01～100
乙烷	0.01～100
丙烷	0.01～100
异丁烷	0.01～10
正丁烷	0.01～10
新戊烷	0.01～2
异戊烷	0.01～2
正戊烷	0.01～2
己烷	0.01～2
庚烷和更重组分	0.01～1
硫化氢	0.3～30

[5]5.1.4.6《城镇燃气分类和基本特性》（GB/T 13611-2006）

本标准规定了城镇燃气的术语和定义、分类和技术要求、特性指标计算方法、特性指标要求和民用燃气燃烧器具的试验气。本标准适用于作城镇燃料使用的各种燃气的分类。

本标准规定了由人工制气厂生产的人工煤气的技术要求和试验方法及取样。本标准适用于以煤或油或液化石油气、天然气为原料转化制取的可燃气体，经城镇燃气管网输送至用户，作为居民生活、工业企业生产的燃料。

[5]5.1.4.8《天然气》（GB 17820-2012）

本标准规定了天然气的技术要求、试验方法和检验规则。本标准适用于经过处理的通过管道输送的商品天然气。

[5]5.1.4.9《车用压缩天然气》（GB 18047-2000）

本标准规定了车用压缩天然气的技术要求和试验方法。本标准适用于压力不大于25 MPa，作为车用燃料的压缩天然气。

[5]5.1.4.10《车用液化石油气》（GB 19159-2003）

本标准规定了车用液化石油气的要求、试验方法、储存、标志、运输、安全及健康要求。本标准适用于车用液化石油气燃料。

[5]5.1.4.11《液化天然气的一般特性》（GB/T 19204-2003）

本标准给出液化天然气（LNG）特性和 LNG 工业所用低温材料方面以及健康和安全方面的指导。本标准也可作为执行 CEN/TC 282 技术委员会（液化天然气装置和设备）其他标准时的参考文件。本标准还可供设计和操作 LNG 设施的工作人员参考。

[5]5.1.4.12《混空轻烃燃气》（CJ/T 341-2010）

本标准规定了混空轻烃燃气的要求、试验方法及检验规则。本标准适用于城镇居民生活、商业和工业企业使用的混空轻烃燃气。

[5]5.2 通用标准

[5]5.2.1 燃气气源通用标准

[5]5.2.1.1《城镇燃气技术规范》（GB 50494-2009）

本规范适用于城镇燃气设施的建设、运行维护和使用。本规范规定了城镇燃气设施的基本要求，当本规范与国家法律、行政法规的规定相抵触时，应按国家法律、行政法规的规定执行。

[5]5.2.2 燃气储存、输配通用标准

[5]5.2.2.1《液化气体气瓶充装规定》（GB 4193-2009）

本标准规定了液化气体气瓶充装的基本原则和安全技术要求。本标准适用于高压液化

气体气瓶和在最高使用温度下饱和蒸汽压力不小于 0.1 MPa（表压）的低压液化气体气瓶的充装。本标准不适用于机动车用液化石油气钢瓶的充装。

[5]**5.2.2.2《天然气计量系统技术要求》（GB/T 18603-2001）**

本标准规定了新建的天然气计量站贸易计量系统的设计、建设、投产运行、维护方面的技术要求。输送的天然气气质应符合 GB 17820 标准的要求。本标准适用于设计通过能力等于或大于 500 m^3/h（标准参比条件下）、工作压力不低于 0.1 MPa（表压）的天然气计量站贸易计量系统。年输送量等于或小于 300 000 m^3（标准参比条件下）可以不包括在本标准范围之内。

[5]**5.2.2.3《液化天然气（LNG）生产、储存和装运》（GB/T 20368-2006）**

本标准适用于设计、选址、施工、操作，天然气液化和液化天然气（LNG）储存、气化、转运、装卸和卡车运输设施的维护，以及人员培训。本标准适用于所有 LNG 储罐，包括真空绝热系统储罐。本标准不适用于冻土地下储罐。

[5]**5.2.2.4《气瓶充装站安全技术条件》（GB 27550-2011）**

本标准规定了永久性气体气瓶充装站、液化气体（包括液化石油气）气瓶充装站、溶解乙炔气瓶充装站的职责和必须具备的安全技术条件。本标准适用于永久性气体气瓶充装站、液化气体（包括液化石油气）气瓶充装站、溶解乙炔气瓶充装站。本标准不适用于车用气瓶和低温绝热气瓶充装站。

[5]**5.2.2.5《城镇燃气设计规范》（GB 50028-2006）**

本标准适用于向城市、乡镇或居民点供给居民生活、商业、工业企业生产、采暖通风和空调等各类用户作燃料用的新建、扩建或改建城镇燃气工程设计。本规范的主要内容包括：燃气基本性质，制气，净化，燃气输配，燃气供应，燃气应用等。

[5]**5.2.2.6《石油天然气工程设计防火规范》（GB 50183-2004）**

本规范适用于新建、扩建、改建的陆上油气田工程、管道站场工程和海洋油气田陆上终端工程的防火设计。主要内容包括：石油天然气站场的区域布置，总平面布置和生产设施，油气田内部集输管道，消防设施，电气，液化天然气站场等。

[5]**5.2.2.7《输油管道工程设计规范》（GB 50253-2003）**

本规范适用于陆上新建、扩建或改建的输送原油、成品油、液态液化石油气管道工程的设计。本规范分输送工艺、线路、管道及管道附件、输油站、监控与通信等方面介绍了输油管道工程的设计要求。

[5]**5.2.2.8《燃气系统运行安全评价标准》（GB/T 50811-2012）**

本规范适用面向城镇、乡村，用于生活、商业、工业企业生产、交通运输、采暖通风和空调等领域，且已正式投产运行的燃气系统的现状安全评价。

[5]5.2.2.9《城镇燃气输配工程施工及验收规范》（CJJ 33-2005）

为规范城镇燃气输配工程施工及验收工作，提高技术水平，确保工程质量、安全施工、安全供气，制定本规范。本规范适用于城镇燃气设计压力不大于 4.0 MPa 的新建、改建和扩建输配工程的施工及验收。主要内容包括城镇燃气工程（不包括液态燃气）管道、调压、加压、防腐等设备的检验，安装、试验及验收。

[5]5.2.2.10《城镇燃气设施运行、维护和抢修安全技术规程》（CJJ 51-2006）

本规程适用于设计压力不大于 4.0 MPa 城镇燃气管道及其附件、场站、调压计量设施、用户设施、用气设备和监控及数据采集系统等所组成的城镇燃气设施的运行、维护和抢修。

[5]5.2.3 通用标准

[5]5.2.3.1《城镇燃气室内工程施工与质量验收规范》（CJJ 94-2009）

本规范适用于供气压力小于或等于 0.8 MPa（表压）的新建、扩建和改建的城镇居民住宅、商业用户、燃气锅炉房（不含锅炉本体）、实验室、工业企业（不含用电气设备）等用户室内燃气管道和用气设备安装的施工与质量验收。本规范主要内容包括城镇燃气管道及燃器具的安装要求及检验方法。

[5]5.3 专用标准

[5]5.3.1 燃气气源专用标准

[5]5.3.1.1《发生炉煤气站设计规范》（GB 50195-2013）

主要内容包括：总则，术语，煤种选择，设计产量和质量，站区布置，设备选择，设备的安全，工艺布置，空气管道，辅助设施，煤和灰渣的贮运，给水、排水和循环水，热工测量和控制，采暖、通风和除尘，电气，建筑和结构，煤气管道。本规范适用于工业企业新建、扩建和改建的常压固定床发生炉的煤气站及其煤气管道的设计。本规范不适用于水煤气站及其水煤气管道的设计。

[5]5.3.2 燃气储存、输配专用标准

[5]5.3.2.1《工业企业煤气安全规程》（GB 6222-2005）

本标准规定了并适用于工业企业厂区内的发生炉、水煤气炉、半水煤气炉、高炉、焦炉、直立连续式炭化炉、转炉等煤气及压力小于或等于 12×10^5 Pa（1.22×10^5 mmH$_2$O）的天然气的生产、回收、输配、贮存和使用设施的设计、制造、施工、运行、管理和维修等。

[5]5.3.2.2《用气体超声波流量计测量天然气流量》（GB/T 18604-2001）

本标准适用于传播时间差法气体超声流量计，其通径大于或等于 100 mm，压力不低于 0.1 MPa。一般用于气质符合本标准第 5.1 条款规定的生产装置、输气管线、储藏设备、配气系统和用户计量系统中的天然气流量测量。本标准使用的天然气体积计算标准参比条件为 0.101 325 MPa，温度为 20℃。也可采用合同规定的其他参比条件。

[5]5.3.2.3《用气体涡轮流量计测量天然气流量》（GB/T 21391-2008）

本标准规定了用于天然气流量测量的气体涡轮流量计的测量条件、要求、性能、安装、实流校准和现场检查。流量计所测量的天然气组分应在 GB 17820-1999、GB/T 17747.1-1999、GB/T 17747.2-1999 和 GB/T 17747.3-1999 所规定的范围内，天然气的真实相对密度为 0.55～0.80。本标准规定天然气体积流量计量的标准参比条件和发热量测量的燃烧标准参比条件均为绝对压力 P_n 等于 0.101 325 MPa 和热力学温度 T_n 等于 293.15 K。也可采用合同压力和合同温度作为参比条件。除非特别声明本标准所指的压力均为表压。

[5]5.3.2.4《用标准孔板流量计测量天然气流量》（GB/T 21446-2008）

本标准规定了标准孔板的结构形式、技术要求；节流装置的取压方式、使用方法、安装和操作条件、检验要求；天然气在标准参比条件下体积流量和能量流量、质量流量以及测量不确定度的计算方法。同时还给出了计算流量及其有关不确定度等方面的必需资料。本标准适用于取压方式为法兰取压和角接取压的节流装置，用标准孔板对气田或油田采出的以甲烷为主要成分的混合气体的流量测量。本标准不适用于孔板开孔直径小于 12.5 mm，测量管内径小于 50 mm 和大于 1 000 mm，直径比小于 0.1 和大于 0.75，管径雷诺数小于 5 000 的场合。

[5]5.3.2.5《汽车加油加气站设计与施工规范》（GB 50156-2012）

本规范适用于新建、扩建和改建的汽车加油站、加气站和加油加气合建站工程的设计和施工。本规范的主要内容是规定了加油加气站的选址要求、规模确定、安全间距及防火要求、工艺及辅助设施施工及以验收等。

[5]5.3.2.6《聚乙烯燃气管道工程技术规程》（CJJ 63-2008）

本规程适用于工作温度在-20～40℃，直径不大于 630 mm，最大允许工作压力不大于 0.7 MPa 的埋地输送城镇燃气的聚乙烯管道和钢骨架聚乙烯复合管道工程设计、施工及验收。主要内容是根据埋地聚乙烯管道及钢骨架塑料复合燃气管道的特点，规定管道的水力计算，材料的验收、存放、搬运和运输，管道的热熔，电容的连接，管道的敷设等。

[5]5.3.2.7《城镇燃气埋地钢质管道腐蚀控制技术规程》（CJJ 95-2003）

本规程适用于城镇燃气埋地钢质管道外腐蚀控制工程的设计、施工、验收和管理。

[5]5.3.2.8《燃气冷热电三联供工程技术规程》（CJJ 145-2010）

本规程适用于以燃气为一次能源，发电机总容量小于或等于 15 MW，新建、改建、扩建的供应冷、热、电能的分布式能源系统的设计、施工、验收和运行管理。

[5]5.3.2.9《城镇燃气报警控制系统技术规程》（CJJ/T 146-2011）

本规程适用于城镇燃气报警控制系统的设计、安装、验收、使用和维护。

[5]5.3.2.10《城镇燃气管道非开挖修复更新工程技术规程》（CJJ/T 147-2010）

本规程适用于采用插入法、折叠管内衬法、缩径内衬法、静压裂管法和翻转内衬法对工作压力不大于 0.4 MPa 的在役燃气管道进行沿线修复更新的工程设计、施工及验收。本规程不适用于新建的埋地城镇燃气管道的非开挖施工、局部修复和架空燃气管道的修复更新。

[5]5.3.2.11《城镇燃气加臭技术规程》（CJJ/T 148-2010）

本规程适用于城镇燃气加臭的设计、安装、验收、运行和维护。不适用于有特殊要求的工业企业生产工艺用气的加臭。

[5]5.3.2.12《城镇燃气管网泄露检测技术规程》（CJJ/T 215-2014）

本规程由住房城乡建设部标准定额研究所组织中国建筑工业出版社出版发行，2014年 3 月 27 日被批准为行业标准，自 2014 年 9 月 1 日起实施。

[5]5.3.2.13《埋地钢质管道聚乙烯防腐蚀层技术标准》（SY/T 0413-2002）

本标准适用于埋地钢质管道挤压聚乙烯防腐层的设计、生产以及施工验收。挤压聚乙烯防腐层可分为长期工作温度不超过 50℃的常温型（N）和长期工作温度不超过 70℃的高温型（H）。

[5]5.3.2.14《钢质管道聚乙烯胶带防腐蚀层技术标准》（SY/T 0414-2007）

本标准规定了钢质管道聚乙烯胶粘带防腐层的最低技术要求。本标准适用于钢质管道聚乙烯胶粘带防腐层的设计、施工和验收。聚丙烯胶带防腐层的设计、施工和验收可参照执行。

[5]5.3.2.15《埋地钢质管道石油沥青防腐蚀层技术标准》（SY/T 0420-97）

本标准适用于输送介质温度不超过 80℃的埋地钢质管道石油沥青外防腐层的设计、预制、施工及验收。石油沥青外防腐管道不宜敷设在水下或沼泽及芦苇地带。

[5]5.3.2.16《埋地钢质管道环氧煤沥青防腐层技术标准》（SY/T 0447-96）

本标准适用于输送介质不超过 110℃的埋地钢质管道外壁环氧煤沥青防腐层的设计、施工及验收。钢质储罐采用环氧煤沥青防腐层时，可参照执行。

[5]5.3.2.17《储罐抗震用金属软管和波纹补偿器选用标准》（SY/T 4073-1994）

本标准主要是针对常压立式圆筒形钢制储罐而制定的。对于新建储罐，在选用金属软管或波纹补偿器时应执行本标准。

[5]5.3.2.18《金属焊接结构湿式气柜施工及验收规范》（HGJ 212-83）

本规范适用于最大容量为 22 000 m³ 的金属焊接结构湿式气柜的施工及验收。对于其他型式的气柜在其结构相同的部分亦可参照执行。本规范主要内容是规定了金属焊接结构湿式气柜基础验收，部件安装，施工验收等。

[5]5.3.2.19《燃气用聚乙烯管道焊接技术规则》（TSG D2002-2006）

本规则适用于聚乙烯管道元件制造和管道安装过程中的焊接工作，其他管道焊接工作可以参照本规则执行。

[5]5.3.2.20《燃气用衬塑（PE）、衬不锈钢铝合金管道工程技术规程》（DB51/T5034-2012）

本规程适用于符合城镇燃气质量标准，压力小于 10 kPa 的城镇居民住宅、公共建筑用户室内燃气管道工程的设计、施工和验收。

[5]5.3.2.21《燃气管道环压连接技术规程》（DB51/T 5035-2012）

本规程适用于压力不大于 0.2 MPa，公称直径 DN 等于或小于 100 mm 的居民用户、商业用户和工业用户室内燃气管道工程的设计、施工和验收。

[5]5.3.2.22《燃气用卡压粘结式薄壁不锈钢管道工程技术规程》（DBJ51/T 023-2014）

本规程适用于公称直径小于或等于 DN100、工作压力小于或等于 0.4 MPa、工作温度 -30～+80℃ 的城镇燃气室内管道使用的卡压粘结连接薄壁不锈钢管的设计、安装和验收。其主要技术内容包括：（1）材料；（2）设计；（3）燃气管道安装试验和验收。

[5]5.3.2.23《压缩天然气供应站设计规范》

在编国家标准。本规范适用于城镇燃气工程中下列工作压力不大于 25.0 MPa（表压）的压缩天然气供应站的设计：（1）压缩天然气加气站；（2）压缩天然气储配站；（3）压缩天然气瓶组供气站。

[5]5.3.2.24《液化石油气供应工程设计规范》

在编国家标准。

[5]5.3.2.25《城镇燃气管道穿跨越工程技术规程》

在编城镇建设行业标准。

[5]5.3.3 燃气应用专用标准

[5]5.3.3.1《液化石油气钢瓶定期检验与评定》（GB 8334-2011）

本标准规定了按照 GB 5842《液化石油气钢瓶》设计、制造的液化石油气钢瓶定期检验与评定的基本方法和技术要求。本标准适用于在正常环境温度（-40～60℃）下使用，公称工作压力为 2.1 MPa，公称容积不大于 150 L 的可重复充装的钢瓶。

[5]5.3.3.2 《家用燃气燃烧器具安全管理规则》（GB 17905-2008）

本标准规定了家用燃气燃烧器具和燃气燃烧器具配件（简称燃具和配件）的安全要求，燃具生产者、燃具销售者、燃气供应者、燃具安装者和燃具消费者的责任和义务，燃具和配件的检验，燃具的使用、保养、维修、判废及事故处理等。本标准适用于使用城镇燃气的家用燃具和配件的安全管理。

[5]5.3.3.3 《家用燃气燃烧器具安装及验收规程》（CJJ 12-99）

本规程适用于居民住宅中使用的热水器，单、双眼灶，烤箱，采暖器等燃具的安装和验收。

[5]5.3.3.4 《城镇燃气室内工程施工及验收规范》（CJJ 94-2009）

本规范适用于供气压力小于或等于 0.8 MPa（表压）的新建、扩建和改建的城镇居民住宅、商业用户、燃气锅炉房（不含锅炉本体）、实验室、工业企业（不含用电气设备）等用户室内燃气管道和用气设备安装的施工与质量验收。

2.6 暖通专业标准体系

2.6.1 综　述

城镇供热工程、通风工程、空调工程在设计、施工、验收和运行管理各阶段需要制订一系列标准，这些标准是保证工程质量，保障人民生命、财产安全，防止环境污染和保持系统安全、稳定运行所必需的技术规定，对提高本行业的技术和管理水平，促进其快速、健康发展起着重要作用。

2.6.1.1 国内外技术发展

1. 国内技术状况

我国城镇供热事业始于第一个五年计划，主要源于苏联援建的许多热电厂，配套建设了集中供热设施。"一五"计划以后的 30 年，城镇集中供热几乎停止发展，直到 1985 年才又提到城镇基础设施建设的议事日程上来。为了节约能源和保护环境，北方发展城市集中供热已成为一项国策，若干年来这一行业得到较快的发展，南方根据地域特征采用分散式供热、制冷设施或区域集中式供热、制冷设施。我国的城镇供热、通风、空调技术从总体上来说比发达国家尚有较大差距，主要问题是能源利用率低，能耗指标高，如热点联产发展慢，比重小，热源设备的利用不充分，输送效率低；施工技术落后，质量较差；设备不配套，性能较差；运行维护及控制调节落后；技术标准不完整配套。

2. 国外技术状况

国外的供热、通风、空调技术发展时间较长，采用热电联产、冷热电联产较早。在 20 世纪 70 年代发生能源危机时，各国政府对集中供热采取鼓励政策，技术上得到长足的发展。主要在几个方面：① 能源利用率高。欧洲国家积极鼓励开发利用余热，政府给予财政补贴。主要是利用废热和低负荷电能发展热泵供热，余热的利用率和技术水平较高。② 发展蓄热、蓄冷技术。由于冷热源的不均衡和用户用热或用冷的不均衡，利用系统需要有较高水平的蓄热或蓄冷技术和较大规模的蓄存装置。③ 管网的设计、施工和管理水平较高。国外的设计、施工和管理除标准齐全外，监督、执行也严格。管网的运行工况好，事故率低。管网的不平衡问题不像国内那么严重，管道寿命远比我国长。管网系统运行的自动调控水平很高，整个系统可以在控制中心远程操作，动力站可以达到无人管理。④ 产品配套，技术水平高。与我国比较，国外产品的技术水平和制造水平保证了管网的安全运行，提高了系统的使用寿命。

2.6.1.2 国内外技术标准情况

1. 国内技术标准现状

我国相应的标准制定起步较晚，第一本供热工程标准于 1989 年发布执行，目前已经制定的工程标准与实际需要相差较远。管理体制比较复杂，例如北方供热的热源基本由工业部门管理；市政管网由供热企业管理；热应用部分，工业用户由工业部门管理，民用用户由建筑工程部门管理。

2. 国外技术标准发展趋势

国外工程标准体系分类很细，标准较为齐全。标准制订一般以产品划分，提出产品的安装施工要求。当前国外标准的发展趋势，主要是从可持续发展战略出发，为保障人身安全和健康制订标准。

2.6.1.3 工程技术标准体系

1. 现行标准存在的问题

城镇供热、通风、空调专业技术领域，现行工程标准数量不多，尚未形成完善的标准体系，为了适应城镇建设的发展，需积极制订一系列标准，以形成完善的标准体系。

2. 本标准体系的特点

准确确定标准的名称和内容；合并内容接近的标准，减少标准数量；增加新的标准项目。

　　修改后的城镇供热、通风、空调工程技术标准体系，在竖向分为基础标准、通用标准、专用标准三个层次，在横向分为城镇供热、市政建筑通风与空调两个专业门类，形成较完整、可操作的标准体系，基本可适应近期城镇供热、通风、空调工程设计、施工及验收、技术管理的发展需要。

　　本标准体系中含有技术标准 31 项。其中，基础标准 6 项，通用标准 7 项，专用标准18 项。本标准体系是开放性的，技术标准的名称、内容和数量均可根据需要而适时调整。

2.6.2 暖通专业标准体系框图

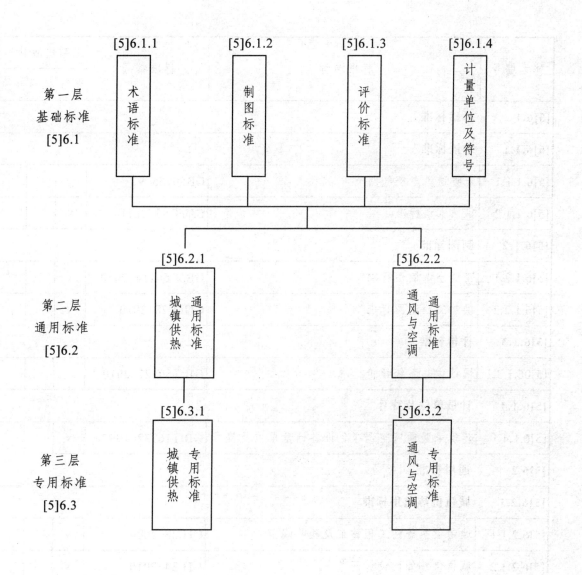

第一层
基础标准
[5]6.1

[5]6.1.1 术语标准

[5]6.1.2 制图标准

[5]6.1.3 评价标准

[5]6.1.4 计量单位及符号

第二层
通用标准
[5]6.2

[5]6.2.1 城镇供热通用标准

[5]6.2.2 通风与空调通用标准

第三层
专用标准
[5]6.3

[5]6.3.1 城镇供热专用标准

[5]6.3.2 通风与空调专用标准

2.6.3 暖通专业标准体系表

体系编号	标准名称	标准编号	编制出版状况			备注
			现行	在编	待编	
[5]6.1	**基础标准**					
[5]6.1.1	**术语标准**					
[5]6.1.1.1	采暖通风与空气调节术语标准	GB50155-92	√			
[5]6.1.1.2	供热术语标准	CJJ/T 55-2011	√			
[5]6.1.2	**制图标准**					
[5]6.1.2.1	暖通空调制图标准	GB/T 50114-2010	√			
[5]6.1.2.2	供热工程制图标准	CJJ/T 78-2010	√			
[5]6.1.3	**评价标准**					
[5]06.1.3.1	城镇供热系统评价标准	GB/T50627-2010	√			
[5]6.1.4	**计量单位及符号**					
[5]6.1.4.1	建筑采暖通风空调净化设备计量单位及符号	GB/T16732-1997	√			
[5]6.2	**通用标准**					
[5]6.2.1	**城镇供热通用标准**					
[5]6.2.1.1	城镇供热管网工程施工及验收规范	CJJ 28-2004	√			
[5]6.2.1.2	城镇供热管网设计规范	CJJ 34-2010	√			
[5]6.2.2	**通风与空调通用标准**					
[5]6.2.2.1	采暖通风与空气调节设计规范	GB 50019-2003	√			
[5]6.2.2.2	民用建筑热工设计规范	GB 50176-93	√			
[5]6.2.2.3	建筑给水排水及采暖工程施工质量验收规范	GB 50242-2002	√			
[5]6.2.2.4	通风与空调工程施工质量验收规范	GB 50243-2002	√			
[5]6.2.2.5	民用建筑供暖通风与空气调节设计规范	GB 50736-2012	√			

体系编号	标准名称	标准编号	编制出版状况			备注
			现行	在编	待编	
[5]6.3	**专用标准**					
[5]6.3.1	**城镇供热专用标准**					
[5]6.3.1.1	城镇直埋供热管道工程技术规程	CJJ/T 81-98	√			
[5]6.3.1.2	城镇地热供热工程技术规程	CJJ 138-2010	√			
[5]6.3.1.3	城镇供热系统节能技术规范	CJJ/T 185-2012	√			
[5]6.3.2	**通风与空调专用标准**					
[5]6.3.2.1	空气调节系统经济运行	GB/T 17981-2007	√			
[5]6.3.2.2	建筑物围护结构传热系数及采暖供热量检测方法	GB/T 23483-2009	√			
[5]6.3.2.3	锅炉房设计规范	GB 50041-2008	√			
[5]6.3.2.4	冷库设计规范	GB 50072-2010	√			
[5]6.3.2.5	制冷设备、空气分离设备安装工程施工及验收规范	GB 50274-2010	√			
[5]6.3.2.6	风机、压缩机、泵安装工程施工及验收规范	GB 50275-2010	√			
[5]6.3.2.7	空调通风系统运行管理规范	GB 50365-2005	√			
[5]6.3.2.8	地源热泵系统工程技术规范	GB 50366-2005	√			
[5]6.3.2.9	太阳能供热采暖工程技术规范	GB 50495-2009	√			
[5]6.3.2.10	通风与空调工程施工规范	GB 50738-2011	√			
[5]6.3.2.11	民用建筑太阳能空调工程技术规范	GB 50787-2012	√			
[5]6.3.2.12	通风管道技术规程	JGJ 141-2004	√			
[5]6.3.2.13	辐射供暖供冷技术规程	JGJ 142-2012	√			
[5]6.3.2.14	蓄冷空调工程技术规程	JGJ 158-2008	√			
[5]6.3.2.15	供热计量技术规程	JGJ 173-2009	√			

2.6.4 暖通专业标准体系项目说明

[5]6.1 基础标准

[5]6.1.1 术语标准

[5]6.1.1.1《采暖通风与空气调节术语标准》（GB 50155-92）

本标准适用于采暖通风与空气调节及其制冷工程的设计、科研、施工、验收、教学及维护管理等方面。主要内容是选取采暖通风与空气调节工程中的常用术语。

[5]6.1.1.2《供热术语标准》（CJJ/T 55-2011）

本标准适用于供热及有关领域。主要技术内容包括：总则，基本术语，热负荷及耗热量，供热热源，供热管网，热力站与热用户，水力计算与强度计算，热水供热系统水力工况与热力工况，施工验收、运行管理与调节。

[5]6.1.2 制图标准

[5]6.1.2.1《暖通空调制图标准》（GB/T 50114-2010）

本标准适用于暖通空调专业的下列工程制图：① 新建、改建、扩建工程的各阶段设计图、竣工图；② 原有建筑物、构筑物等的实测图；③ 通用设计图标准设计图。主要技术内容包括：总则，一般规定，常用图例，图样画法。

[5]6.1.2.2《供热工程制图标准》（CJJ/T 78-2010）

本标准适用于新建、扩建和改建供热工程的设计制图。主要技术内容包括：总则，基本规定，制图，常用代号和图形符号，锅炉房图样画法，供热管网图样画法，热力站和中继泵站图样画法。

[5]6.1.3 评价标准

[5]6.1.3.1《城镇供热系统评价标准》（GB/T 5627-2010）

本标准适用于供热介质为热水的城镇集中供热系统的设施、管理、能效及环保安全消防四个单元的技术评价。本标准主要技术内容包括：总则，术语，基本规定，设施评价，管理评价，能效评价，环保安全消防以及相关附录。

[5]6.1.4 计量单位及符号

[5]6.1.4.1《建筑采暖通风空调净化设备计量单位及符号》（GB/T16732-1997）

本标准适用于采暖通风空调净化设备领域技术性能的常用量。不包括集中的冷、热源设备。本标准主要规定了采暖通风空调净化设备技术性能常用量的计量单位及符号。

[5]6.2 通用标准

[5]6.2.1 城镇供热通用标准

[5]6.2.1.1 《城镇供热管网工程施工及验收规范》（CJJ 28-2004）

本规范适用于符合下列参数的城镇供热管网工程的施工及验收：① 工作压力 $P \leqslant 1.6\,\text{MPa}$，介质温度 $T \leqslant 350℃$ 的蒸汽管网；② 工作压力 $P \leqslant 2.5\,\text{MPa}$，介质温度 $T \leqslant 200℃$ 的热水管网。本规范的主要技术内容是：总则，工程测量，土建工程及地下穿越工程，焊接及检验管道，安装及检验热力站，中继泵站及通用组装件安装，防腐和保温工程，试验，清洗，试运行，工程验收。

[5]6.2.1.2 《城镇供热管网设计规范》（CJJ 34-2010）

本规程适用于供热热水介质设计压力小于或等于 2.5 MPa，设计温度小于或等于 200℃；供热蒸汽介质设计压力小于或等于 1.6 MPa，设计温度小于或等于 350℃ 的下列城镇供热管网的设计：① 以热电厂或锅炉房为热源，自热源至建筑物热力入口的供热管网；② 供热管网新建、扩建或改建的管线、中继泵站和热力站等工艺系统。主要技术内容是：总则，术语和符号，耗热量，供热介质，供热管网形式，供热调节，水力计算，管网布置与敷设，管道应力计算和作用力计算，中继泵站与热力站，保温与防腐涂层，供配电与照明，热工检测与控制，街区热水供热管网。

[5]6.2.2 通风与空调通用标准

[5]6.2.2.1 《采暖通风与空气调节设计规范》（GB 50019-2003）

本规范适用于新建、扩建和改建的民用和工业建筑的采暖、通风与空气调节设计。主要内容有：总则，术语，室内外计算参数，采暖，通风，空气调节，空气调节冷热源，监测与控制，消声与隔震等。

[5]6.2.2.2 《民用建筑热工设计规范》（GB 50176-93）

本规范适用于新建、扩建和改建的民用建筑热工设计。本规范不适用于地下建筑、室内温湿度有特殊要求和特殊用途的建筑，以及简易的临时性建筑。主要内容是规定建筑热工设计要求、围护结构保温设计、围护结构隔热设计、采暖建筑围护结构防潮设计等的原则和要求。

[5]6.2.2.3 《建筑给水排水及采暖工程施工质量验收规范》（GB 50242-2002）

本规范适用于建筑给水、排水及采暖工程施工质量的验收。本规范主要规定了工程质量验收的划分,程序和组织应按照国家标准《建筑工程施工质量验收统一标准》(GB 50300)的规定执行;提出了使用功能的检验和检测内容;列出了各分项工程中主控项目和一般项目的质量检验方法。

[5]6.2.2.4 《通风与空调工程施工质量验收规范》(GB 50243-2002)

本规范适用于建筑工程通风与空调工程施工质量的验收。本标准主要规定的内容有:① 本规范的适用范围;② 通风与空调工程施工质量验收的统一准则;③ 通风与空调工程施工质量验收中子分部工程的划分和所包含分项内容;④ 按通风与空调工程施工的特点,将本分部工程分为风管制作、风管部件制作、风管系统安装、通风与空调设备安装、空调制冷系统安装、空调水系统安装、防腐与绝热、系统调试、竣工验收和工程综合效能测定与调整等十个具体的工艺分类项目,并对其验收的内容、检查数量和检查方法作出了具体的规定;⑤ 按《建筑工程施工质量统一标准》(GB 50300-2001)的规定,完善了本分部工程使用的质量验收记录;⑥ 为保证通风与空调工程使用效果与工程质量验收的完整,本规范对工程综合效能测定与调整作出了规定;⑦ 本规范中的强制性条文。

[5]6.2.2.5 《民用建筑供暖通风与空气调节设计规范》(GB 50736-2012)

本规范适用于新建、改建和扩建的民用建筑的供暖、通风与空气调节设计,不适用于有特殊用途、特殊净化与防护要求的建筑物以及临时性建筑物的设计。主要内容包括:供暖,通风,空气调节,冷源与热源,检测与监控,消声与隔振,绝热与防腐等设计的原则和要求。

[5]6.3 专用标准

[5]6.3.1 城镇供热专用标准

[5]6.3.1.1 《城镇直埋供热管道工程技术规程》(CJJ/T 81-98)

本规程适用于供热介质温度小于或等于 150℃、公称直径小于或等于 DN500 mm 的钢制内管保温层保护外壳结合为一体的预制保温直埋热水管道。主要内容包括:管道的布置和敷设,管道受力计算与应力验算,固定墩设计,保温及保护壳,工程测量及土建工程,管道安装,工程验收等设计的原则和要求。

[5]6.3.1.2 《城镇地热供热工程技术规程》(CJJ 138-2010)

本规程适用于以地热井提取地热流体为热源的城镇供热工程的规划、设计、施工、验收及运行管理。主要内容包括:地热供热系统,地热井泵房,地热供热站,地热供热管网与末端装置,地热水供应,地热系统防腐与防垢,地热供热系统的监测与控制,地热回灌,地热资源的动态监测,运行,维护与管理等的原则和要求。

[5]6.3.1.3《城镇供热系统节能技术规范》（CJJ/T 185-2012）

本规程适用于供应民用建筑采暖的新建、扩建、改建的集中供热系统，包括供热热源、热力网、热力站、街区供热管网及室内采暖系统的规划、设计、施工、调试、验收、运行管理中与能耗有关的部分。本规范的主要技术内容：总则，术语，设计，施工、调试与验收，运行与管理，节能评价。

[5]6.3.2 通风与空调专用标准

[5]6.3.2.1《空气调节系统经济运行》（GB/T 17981-2007）

本标准适用于公共建筑（包括采用集中空调系统的居住建筑）中使用的空调系统。本标准规定了空气调节系统（以下简称空调系统）经济运行的基本要求、评价指标与方法和节能管理。

[5]6.3.2.2《建筑物围护结构传热系数及采暖供热量检测方法》（GB/T 23483-2009）

本标准适用于建筑物围护结构主体部位传热系数及采暖供热量的检测。本标准规定了建筑物围护结构传热系数及采暖供热量的术语和定义、检测条件、检测装置、检测方法、数据处理和检测报告。

[5]6.3.2.3《锅炉房设计规范》（GB 50041-2008）

本规范适用于下列范围内的工业、民用、区域锅炉房及其室外热力管道设计：① 以水为介质的蒸汽锅炉房，其单台锅炉额定蒸发量为 1～75 t/h，额定出口蒸汽压力为 0.10～3.82 MPa（表压），额定出口蒸汽温度小于等于 450℃；② 热水锅炉房，其单台锅炉额定热功率为 0.7～70 MW，额定出口水压为 0.10～2.50 MPa（表压），额定出口水温小于等于 180℃；③ 符合本条第①、②款参数的室外蒸汽管道、凝结水管道和闭式循环热水系统。本规范不适用于余热锅炉、垃圾焚烧锅炉和其他特殊类型锅炉的锅炉房和城市热力网设计。主要内容包括：锅炉房的布置，燃煤系统，燃气系统，锅炉烟风系统，锅炉给水设备和水处理，供热热水制备，监测和控制，化验和检修，锅炉房管道，保温和防腐蚀，室外热力管道，环境保护，消防等设计的原则和要求。

[5]6.3.2.4《冷库设计规范》（GB 50072-2010）

本规程适用于采用氨、氢氟烃及其混合物为制冷剂的蒸汽压缩式制冷系统（以下简称为氨或氟制冷系统），以钢筋混凝土或砌体结构为主体结构的新建、改建、扩建的冷库，不适用于山洞冷库、装配式冷库、气调库。主要内容是规定建筑、结构、制冷、电气、给水和排水、采暖通风和地面防冻等设计的原则和要求。

[5]6.3.2.5《制冷设备、空气分离设备安装工程施工及验收规范》（GB 50274-2010）

本规程适用于下列制冷设备和空气分离设备安装工程的施工及验收：① 活塞式、螺杆式、离心式压缩机为主机的压缩式制冷设备，溴化锂吸收式制冷机组和组合冷库；② 低温法制取氧、氮和稀有气体的空气分离设备。本规程内容包括总则、制冷设备、空气分离设备和工程验收。

[5]6.3.2.6《风机、压缩机、泵安装工程施工及验收规范》（GB 50275-2010）

本规范适用于下列风机、压缩机、泵安装工程的施工及验收：① 离心通风机、离心鼓风机、轴流通风机、轴流鼓风机、罗茨和叶氏鼓风机、防爆通风机和消防排烟通风机；② 容积式的往复活塞式、螺杆式、滑片式、隔膜式压缩机，轴流压缩机和离心压缩机；③ 离心泵、井用泵、隔膜泵、计量泵、混流泵、轴流泵、旋涡泵、螺杆泵、齿轮泵、转子式泵、潜水泵、水轮泵、水环泵、往复泵。主要内容包括总则、风机、压缩机、泵、工程验收。

[5]6.3.2.7《空调通风系统运行管理规范》（GB 50365-2005）

本规范适用于民用建筑中集中管理的空调通风系统的常规运行管理，以及在发生与空调通风系统相关的突发性事件时，应采取的相关应急运行管理。主要内容包括总则、术语、管理要求、技术要求、运行管理综合评价和突发事件应急管理措施等。

[5]6.3.2.8《地源热泵系统工程技术规范》（GB 50366-2005）

本规范适用于以岩土体、地下水、地表水为低温热源，以水或添加防冻剂的水溶液为传热介质，采用蒸汽压缩热泵技术进行供热、空调或加热生活热水的系统工程的设计、施工及验收。主要内容包括：总则，术语，工程勘察，地埋管换热系统，地下水换热系统，地表水换热系统，建筑物内系统及整体运转、调试与验收。

[5]6.3.2.9《太阳能供热采暖工程技术规范》（GB 50495-2009）

本规范适用于新建、扩建和改建建筑中使用太阳能供热采暖系统的工程，以及在既有建筑上改造或增设太阳能供热采暖系统的工程。主要内容包括：总则，术语，太阳能供热采暖系统设计，太阳能供热采暖工程施工，太阳能供热采暖工程的调试、验收与效益评估。

[5]6.3.2.10《通风与空调工程施工规范》（GB 50738-2011）

本规程适用于建筑工程中通风与空调工程的施工安装。主要内容包括：总则，术语，基本规定，金属风管与配件制作，非金属与复合风管及配件制作，风阀与部件制作，支吊架制作与安装，风管与部件安装，空气处理设备安装，空调冷热源与辅助设备安装，空调水系统管道与附件安装，空调制冷剂管道与附件安装，防腐与绝热，监测与控制系统安装，检测与试验，通风与空调系统试运行与调试。

[5]6.3.2.11《民用建筑太阳能空调工程技术规范》（GB 50787-2012）

本规程适用于在新建、扩建和改建民用建筑中使用以热力制冷为主的太阳能空调系统工程，以及在既有建筑上改造或增设的以热力制冷为主的太阳能空调系统工程。主要内容是规定太阳能空调系统设计、规划和建筑设计、太阳能空调系统安装、太阳能空调系统验收、太阳能空调系统运行管理等的原则和要求。

[5]6.3.2.12《通风管道技术规程》（JGJ 141-2004）

本规程适用于新建、扩建和改建的工业与民用建筑的通风与空调工程用金属或非金属管道的制作和安装。本规程主要技术内容包括：总则，通用规定，风管制作，风管安装，风管检验。

[5]6.3.2.13《辐射供暖供冷技术规程》（JGJ 142-2012）

本规程适用于以低温热水为热媒或以加热电缆为加热元件的辐射供暖工程，及以高温冷水为冷媒的辐射供冷工程的设计、施工及验收。本规程主要内容包括：总则，术语，设计，材料，施工，试运行、调试及竣工验收，运行与维护。

[5]6.3.2.14《蓄冷空调工程技术规程》（JGJ 158-2008）

本规程适用于新建、改建、扩建的工业与民用建筑的蓄冷空调工程的设计、施工、调试、验收及运行管理。本规程不适用于共晶盐蓄冷空调系统及季节性蓄冷空调系统。本规程主要技术内容包括：总则，术语，设计，施工安装，调试、检测及验收，蓄冷空调系统的运行管理。

[5]6.3.2.15《供热计量技术规程》（JGJ 173-2009）

本规程适用于民用建筑集中供热计量系统的设计、施工、验收和节能改造。本规程主要技术内容包括：总则，术语，基本规定，热源和热力站热计量，楼栋热计量，分户热计量及室内供暖系统等。

2.7 建筑专业标准体系

2.7.1 综 述

建筑设计是一门传统又现代的专业。在古代，以土木、砖石为主设计的房屋，其建筑功能和安全卫生等条件都受到一定的限制。在现代，新技术、新材料、新设备、新工艺的出现，为建筑设计创作提供了广阔的空间。随着时代的发展，人们生活水平和质量的提高，建筑中有关人民生命财产安全、生命健康和环保的问题愈加受到关注。建筑设计向着实用、安全、经济和美观的原则发展。

市政建筑设计，是建筑设计的一个分支，也是其重要组成部分之一，亦有上述相同特点。

2.7.1.1 国内外市政建筑设计的发展

国外建筑设计曾出现过不注重功能、只讲究形式的阶段。随着工业发展，新技术、新材料、新结构不断出现，建筑设计要求摒弃形式主义，讲究功能，形成一种现代主义的运动。又由于现代主义设计较多地强调结构和功能，以致缺乏个性，随后又出现诸多流派，主张崇尚自然、注意环保、讲究个性和多样性的设计理论和方法，提倡生态建筑、绿色建筑。建筑设计依据技术法规和技术标准，注重防火、卫生、安全设施的要求，保障人民生命财产的安全和身体健康。市政建筑作为建筑设计的一个分支，亦经历了上述相同的发展历程。

20 世纪 80 年代以前，由于经济条件的限制和设计理念的陈旧，国内建筑设计功能不全，安全卫生条件差，形式单调。改革开放以来，随着经济的发展，人民生活水平的提高，与国外建筑界的交流，国内有了全新的设计理念，提出以人为本，注重人民对建筑在物质和精神上的需求，对建筑物的质量和安全卫生条件有了更严格的要求，形式要求更加个性化和多样化。

市政建筑所处的地理位置往往比较特殊，如给水建筑，由于水源保护的因素，处在风光秀丽的青山绿水之间，甚至就在风景区内；排水建筑，由于卫生防护隔离的要求，需要较为宽广的绿化隔离带，掩映在绿树花丛中，往往作为城市的生态环保教育基地；隧道桥梁的附属建筑，一般都在绿化带中，并希望成为一个标志。因此，市政建筑设计对其地域性和可识别性、与环境协调融合的要求较高，要求使之成为环境不可分割的一部分，为优美的风光添彩。

2.7.1.2 国内外市政建筑设计标准情况

在国外，为了使建筑物满足基本使用功能的要求，保障人民生命财产的安全，保护环境，建筑设计都要制定建筑法规。在内容上一般分为行政管理和技术要求两个部分。但关于市政建筑设计的专项标准，很少见到。

50 年代初期，我国曾参照苏联建筑法规，编著了《建筑设计规范》作为建筑设计技术依据，这是一本包括设计管理、建筑设计通则、防火及消防、居住及公共建筑、生产及仓库，以及临时性建筑综合性的标准，后建议改为单项编制。同时，标准设计、《建筑设计资料集》等也是建筑设计的重要依据。70 年代国家制定了建筑制图、建筑模数等一批建筑设计基础标准。80～90 年代又制定了《民用建筑设计通则》《住宅建筑设计规范》等一批通用和专用标准。市政建筑设计内容，在市政设计的专项规范中有所涉及，但仍然很不完善。如给排水厂房建筑设计中，哪些是建筑物，哪些应该为构筑物，没有规定；而构筑物的防火设计，也没有规范，这些都给设计带来了很多困惑和不确定性。近年来，随着技术和新的功能要求的发展，新的类型不断出现，如污水处理厂采用全地下式，地下综合管沟的出现，原有规范不能满足设计需要的矛盾日益突出，缺乏专门的技术规范和依据，呼吁国家和地方尽快制定相应的规范和标准。

2.7.1.3 市政建筑工程技术体系

1. 现有标准存在的问题

从 80 年代开始，有计划、有系统地开始制定、修订建筑设计标准，经过多年来的努力，已形成比较完善的建筑设计技术标准体系，基础、通用和专用标准之间分层比较明确，现有体系比较合理。

但市政建筑设计专项标准对于近年来出现的新类型、构筑物的防火设计等，仍缺乏相关规范和标准进行指导。呼吁国家、行业和地方尽快进行相关规范和规程的编制，满足工作要求。

2. 本标准体系的特点

本标准体系中的标准已适当合并扩展。对有的建筑设计标准体系中已列出的相关规范，在市政建筑设计中，仍要运用，但以建筑设计标准体系为主，本标准体系不再重复。

本标准体系表中含技术标准 30 项，其中，术语标准 3 项，图形标准 3 项，模数标准 2 项；通用标准 4 项，专用标准 18 项；现行标准 29 项，在编标准 1 项。本标准体系是开放性的，技术标准名称、内容和数量均可根据需要而适当调整。

2.7.2 建筑专业标准体系框图

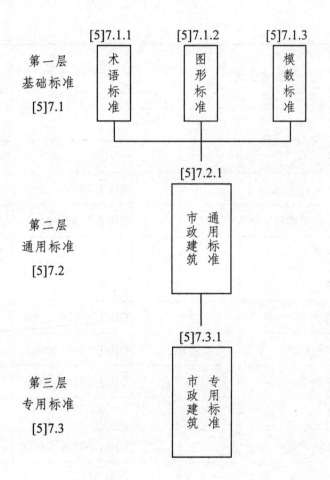

2.7.3 建筑专业标准体系表

体系编号	标准名称	标准编号	编制出版状况			备注
			现行	在编	待编	
[5]7.1	**基础标准**					
[5]7.1.1	**术语标准**					
[5]7.1.1.1	民用建筑设计术语标准	GB/T 50504-2009	√			
[5]7.1.1.2	建筑工程分类标准	GB/T 50841-2011	√			
[5]7.1.1.3	建筑术语规范			√		国标
[5]7.1.2	**图形标准**					
[5]7.1.2.1	CAD 工程制图规则	GB/T 18229-2000	√			
[5]7.1.2.2	房屋建筑制图统一标准	GB/T 50001-2011	√			
[5]7.1.2.3	建筑制图标准	GB/T 50104-2010	√			
[5]7.1.3	**模数标准**					
[5]7.1.3.1	厂房建筑模数协调标准	GB/T 50006-2010	√			
[5]7.1.3.2	建筑模数协调统一标准	GBJ 2-86	√			
[5]7.2	**通用标准**					
[5]7.2.1	**市政建筑通用标准**					
[5]7.2.1.1	建筑设计防火规范	GB 50016-2006	√			
[5]7.2.1.2	建筑采光设计标准	GB/T 50033-2013	√			
[5]7.2.1.3	建筑内部装修设计防火规范（2001 年版）	GB 50222-1995	√			
[5]7.2.1.4	民用建筑设计通则	GB 50352-2005	√			
[5]7.3	**专用标准**					
[5]7.3.1	**市政建筑专用标准**					
[5]7.3.1.1	建筑地面设计规范	GB 50037-2012	√			

体系编号	标准名称	标准编号	编制出版状况			备注
			现行	在编	待编	
[5]7.3.1.2	工业建筑防腐蚀设计规范	GB 50046-2008	√			
[5]7.3.1.3	汽车库修车库停车场设计防火规范	GB 50067-97	√			修订
[5]7.3.1.4	工业企业总平面设计规范	GB 50187-2013	√			
[5]7.3.1.5	公共建筑节能设计标准	GB 50189-2005	√			修订
[5]7.3.1.6	屋面工程技术规范	GB 50345-2012	√			
[5]7.3.1.7	坡屋面工程技术规范	GB 50693-2011	√			
[5]7.3.1.8	无障碍设计规范	GB 50763-2012	√			
[5]7.3.1.9	城镇污水处理厂附属建筑和附属设备设计标准	CJJ 31-89	√			
[5]7.3.1.10	城镇给水厂附属建筑和附属设备设计标准	CJJ 41-91	√			
[5]7.3.1.11	严寒及寒冷地区居住建筑节能设计标准	JGJ 26-2010	√			
[5]7.3.1.12	宿舍建筑设计规范	JGJ 36-2005	√			
[5]7.3.1.13	办公建筑设计规范	JGJ 67-2011	√			
[5]7.3.1.14	夏热冬暖地区居住建筑节能设计标准	JGJ 75-2010	√			
[5]7.3.1.15	汽车库建筑设计规范	JGJ 100-98	√			
[5]7.3.1.16	夏热冬冷地区居住建筑节能设计标准	JGJ 134-2010	√			
[5]7.3.1.17	种植屋面工程技术规程	JGJ 155-2013	√			
[5]7.3.1.18	四川省居住建筑节能设计标准	DB51/5027-2012	√			

2.7.4 建筑专业标准体系项目说明

[5]7.1 基础标准

[5]7.1.1 术语标准

[5]7.1.1.1《民用建筑设计术语标准》（GB/T 50504-2009）

本标准适用于房屋建筑工程中民用建筑的设计、教学、科研、管理及其他相关领域。主要内容为民用建筑设计的通用术语，居住、教育、商业等不同使用功能建筑和建筑物理、建筑设备方面的专用术语。

[5]7.1.1.2《建设工程分类标准》（GB/T 50841-2013）

本标准适用于建设工程前期策划、勘察、设计、招投标、施工、咨询等，不适用于军事工程等有特殊要求的建设工程。

[5]7.1.1.3《建筑术语规范》

在编国家标准。

[5]7.1.2 图形标准

[5]7.1.2.1《CAD 工程制图规则》（GB/T 18229-2000）

本标准规定了用计算机绘制工程图的基本规则。本标准适用于机械、电气、建筑等领域的工程制图以及相关文件。

[5]7.1.2.2《房屋建筑制图统一标准》（GB/T 50001-2011）

本标准适用于以手工制图、计算机制图方式绘制的图样；适用于各专业的新建、改建、扩建工程的各阶段设计图、竣工图，原有建筑物、构筑物和总平面的实测图，通用设计图、标准设计图。本标准是房屋建筑制图的基本规定，主要技术内容包括：总则，术语，图纸幅面规格与图纸编排顺序，图线，字体，比例，符号，定位轴线，常用建筑材料图例，图样画法，尺寸标注，计算机制图文件，计算机制图文件图层，计算机制图规则。

[5]7.1.2.3《建筑制图标准》（GB/T 50104-2010）

本标准适用于建筑专业室内设计专业的工程制图：① 新建、改建、扩建工程的各阶段设计图、竣工图；② 原有建筑物、构筑物等的实测图；③ 通用设计图、标准设计图。

[5]7.1.3 模数标准

[5]7.1.3.1《厂房建筑模数协调标准》（GB/T 50006-2010）

本标准适用于：① 设计装配式和部分装配式的钢筋混凝土结构和混合结构厂房；② 编

制厂房建筑构配件标准设计图。

[5]7.1.3.2《建筑模数协调统一标准》（GBJ 2-86）

本标准适用于：① 一般工业与民用建筑设计；② 房屋建筑中采用的各种建筑制品、构配件、组合件的尺寸及设备、储藏单元和家具等的协调储藏；③ 编制一般民用建筑与工业建筑物有关标准、规范和标准设计。

[5]7.2 通用标准

[5]7.2.1 市政建筑通用标准

[5]7.2.1.1《建筑设计防火规范》（GB 50016-2006）

本规范适用于下列新建、扩建和改建的建筑：① 9 层及 9 层以下的居住建筑（包括设置商业服务网点的居住建筑）；② 建筑高度小于等于 24.0 m 的公共建筑；③ 建筑高度大于 24.0 m 的单层公共建筑；④ 地下、半地下建筑（包括建筑附属的地下室、半地下室）；⑤ 厂房；⑥ 仓库；⑦ 甲、乙、丙类液体储罐（区）；⑧ 可燃、助燃气体储罐（区）；⑨ 可燃材料堆场；⑩ 城市交通隧道。本规范不适用于炸药厂房（仓库）、花炮厂房（仓库）的建筑防火设计。人民防空工程、石油和天然气工程、石油化工企业、火力发电厂与变电站等的建筑防火设计，当有专门的国家现行标准时，宜从其规定。主要内容是规定了建筑设计防火的原则和要求。

[5]7.2.1.2《建筑采光设计标准》（GB/T 50033-2013）

本标准适用于利用天然采光的民用建筑和工业建筑的新建、改建和扩建工程的采光设计。

[5]7.2.1.3《建筑内部装修设计防火规范》（2001 年版）（GB 50222-1995）

本规范适用于民用建筑和工业厂房的内部装修设计。本规范不适用于古建筑和木结构建筑的内部装修设计。

[5]7.2.1.4《民用建筑设计通则》（GB 50352-2005）

本通则适用于新建、改建和扩建民用建筑设计。

[5]7.3 专用标准

[5]7.3.1 市政建筑专用标准

[5]7.3.1.1《建筑地面设计规范》（GB 50037-2012）

本规范适用于一般工业与民用建筑中底层地面和楼层地面以及散水、明沟、踏步、台阶和坡道的设计。

[5]7.3.1.2《工业建筑防腐蚀设计规范》（GB 50046-2008）

本规范适用于受腐蚀性介质作用的工业建筑物和构筑物防腐蚀设计。主要内容包括基本规定，结构，建筑防护，构筑物，材料等的要求。

[5]7.3.1.3《汽车库、修车库、停车场设计防火规范》（GB 50067-97）

本规范适用于新建、扩建和改建汽车库、修车库、停车场（以下统称车库）防火设计，不适用于消防站的车库防火设计。内容包括：总则，术语，防火分类和耐火等级，防火分隔和建筑构造，安全疏散，采暖通风和排烟。

[5]7.3.1.4《工业企业总平面设计规范》（GB 50187-2013）

本规范适用于新建、改建及扩建工业企业的总平面设计。

[5]7.3.1.5《公共建筑节能设计标准》（GB 50189-2005）

本标准适用于新建、扩建和改建公共建筑的节能设计。

[5]7.3.1.6《屋面工程技术规范》（GB 50345-2012）

本规范适用建筑屋面工程的设计和施工。

[5]7.3.1.7《坡屋面工程技术规范》（GB 50693-2011）

本规范适用新建、扩建和改造的工业建筑、民用建筑坡屋面工程的设计、施工和质量验收。

[5]7.3.1.8《无障碍设计规范》（GB 50763-2012）

本规范适用于全国城市新建、改建和扩建的城市道路、城市广场、城市绿地、居住区、居住建筑、公共建筑及历史文物保护建筑等。本规范未涉及的城市道路、城市广场、城市绿地、建筑类型或有无障碍需求的设计，宜按本规范中相似类型的要求执行。农村道路及公共服务设施宜按本规范执行。

[5]7.3.1.9《城镇污水处理厂附属建筑和附属设备设计标准》（CJJ 31-89）

本标准主要内容包括：总则，附属建筑面积，附属建筑装修，附属设备。本标准适用于新建、扩建和改建的污水处理厂的附属建筑和附属设备的设计。不适用于污水处理厂主管部门（公司或管理处、所）的附属建筑和附属设备的设计。厂外污水泵站和管渠可参照本标准有关条文执行。类似城镇污水水质的工业污水处理厂的附属建筑和附属设备可参照本标准执行。

[5]7.3.1.10《城镇给水厂附属建筑和附属设备设计标准》（CJJ 41-91）

为了使城镇给水厂附属建筑和附属设备的设计做到统一建设标准，控制建设规模，制定本标准。本标准主要内容包括：总则，附属建筑面积，附属建筑装修，附属设备。本标准适用于新建、扩建或改建的给水厂的附属建筑和附属设备设计。

[5]7.3.1.11《严寒和寒冷地区居住建筑节能设计标准》（JGJ 26-2010）

本标准适用于严寒和寒冷地区新建、扩建和改建居住建筑的节能设计。

[5]7.3.1.12《宿舍建筑设计规范》（JGJ 36-2005）

本规范适用于城镇和工矿区新建、扩建和改建宿舍建筑设计。内容包括：总则，术语，基地和总平面，建筑设计，建筑设备等。

[5]7.3.1.13《办公建筑设计规范》（JGJ 67-2011）

本规范适用于新建、扩建和改建办公建筑的设计。内容包括：总则，术语，基地和总平面，建筑设计，防火设计，室内环境，建筑设备。

[5]7.3.1.14《夏热冬暖地区居住建筑节能设计标准》（JGJ 75-2010）

本标准适用于夏热冬暖地区新建、扩建和改建居住建筑的节能设计。

[5]7.3.1.15《汽车库建筑设计规范》（JGJ 100-98）

本规范适用于新建、扩建和改建汽车库建筑设计。内容包括：总则，术语，库址和总平面，坡道式汽车库，机械式汽车库级，防火分隔和建筑构造，安全疏散，采暖通风和排烟。

[5]7.3.1.16《夏热冬冷地区居住建筑节能设计标准》（JGJ 134-2010）

本标准适用于夏热冬冷地区新建、扩建和改建居住建筑的节能设计。

[5]7.3.1.17《种植屋面工程技术规程》（JGJ 155-2013）

本规程适用新建和既有建筑屋面、地下建筑顶板种植工程的设计、施工和质量验收。

[5]7.3.1.18《四川省居住建筑节能设计标准》（DB51/5027-2012）

本标准适用于四川省城镇规划区新建、扩建和改建居住建筑的节能设计。内容包括：总则，术语，室内外热环境计算参数，建筑物的节能综合指标，采暖，通风和空气调节节能设计，可再生能源利用。

2.8 结构专业标准体系

2.8.1 综 述

2.8.1.1 国内外市政结构技术发展

20 世纪 70 年代以前，我国经济实力薄弱，新型建筑材料很少，施工技术较为单一，建设方针以经济节约为主，建筑结构型式简单。房屋主要为木结构、砖混结构，并采用人工为主的施工方法；厂房主要为预制装配式的混凝土结构，并采用机械吊装或人工安装的施工方法；水池也主要以砖石混合结构为主，混凝土结构为辅。

在 80 年代和 90 年代，改革开放逐步提高了我国的经济实力，通过广泛吸收国外先进的建筑结构技术，引进或自主开发了新材料、新产品、新工艺和新结构，从而使新型的高层、超高层建筑以及大型公共建筑等得到蓬勃发展，市政结构相应地取得长足的进步，应用于建筑工程的如预应力等结构技术也在市政结构中得以采用。这个时期内的市政结构技术基本与国际上的先进技术相接轨，计算技术的迅速发展为建筑结构设计提供了有力的保证；各种新的建筑结构技术为实现新型建筑结构和市政结构奠定了基础。

市政结构的发展与所采用的材料和施工方法密切相关，主要体现在：

（1）混凝土结构（含钢筋混凝土和预应力混凝土结构）由装配式为主发展到以现浇为主；由低、中强混凝土发展到采用高性能（含高强度）混凝土或掺加不同材料（含各种纤维）的改性混凝土；由低强、低延性钢筋为主发展到高强、高延性钢筋为主。

（2）膨胀剂的发展和使用，使超长结构的设计施工有了长足的进步；止水条、聚硫密封膏等材料的性能、品种、规格及成型工艺等呈多样化发展，从而扩大了它们的应用范围，提高了施工质量，具有良好的前景。

（3）由不同材料和型式组成、且具有承重和满足热工性能的砌体结构基本取代传统的黏土砖结构；新型砌体结构将在其适用的结构中得到广泛的采用。

（4）高强度钢筋和预应力施工技术应用于水池类结构，使得特种结构的高度和直径可以做得更大，有力地支撑了市政建设的发展。

（5）顶管施工设备、施工工艺的飞速发展，使非开挖施工技术广泛应用于市政管道的建设，并有进一步发展的大好前景。

为适应建筑结构技术的发展，编制配套、完善的市政结构技术标准体系是新技术获得推广应用、保证结构质量的重要条件。

2.8.1.2　国内外技术标准情况

建筑结构技术标准的发展，主要取决于新型的材料、产品、结构形式、施工工艺以及使用观念的发展与变化。技术标准以约定的法规来推动新技术的应用，以保证建筑结构达到安全、经济、合理、先进的目的。

我国从 20 世纪 50 年代起开始大规模的经济建设，当时为满足工程建设急需，直接采用了苏联标准。为反映国情，60 年代建筑工程部制订了《关于建筑结构问题的规定》等有关文件作为补充，并发布了我国第一本《钢筋混凝土结构设计规范》（GBJ 21-66）。60 年代中期，开始考虑制订我国自己的建筑结构标准。为此展开了关于建筑结构安全度问题的学术讨论，并着手组织编制各类结构设计规范和施工验收规范。后由于"文化大革命"而中断了标准的制订。

70 年代初，国家建委组织钢（含薄钢）结构、混凝土结构、砖石结构、木结构及荷载、抗震等有关设计规范的制订。这批标准于 70 年代中后期相继颁布，初步反映了我国的建设经验，是我国首批较为配套的规范。市政给排水结构设计规范也进行了编制，《室外给水排水和燃气热力工程抗震设计规范》（TJ 32-78 试行）、《给水排水工程结构设计规范》（GBJ 69-84）相继发布实施。由于受到苏联规范的影响以及国内科学试验研究不够等原因，这批规范较多地带上了苏联规范的烙印。当时标准管理部门已认识到：制订适用于我国的规范，必须全面总结我国工程实践的正、反面经验，开展标准需要的科学研究。为此，在70 年代后期，围绕修订各类规范所需的课题项目，开展了必要的试验研究和工程调查；同时，开始学习、消化先进国家的标准规范。

基于 70 年代后期开展的结构可靠的研究和学术讨论，在国内工程界逐步取得共识的基础上，制订了国家标准《建筑结构设计统一标准》（GBJ 68-84）。该标准提出了以概率理论为基础的结构极限状态设计原则，对结构上的作用（荷载）、材料性能和几何参数等代表值的确定，结构构件设计表达式以及材料、构件的质量控制等作出了规定。该标准的公布表明，我国规范从设计思想上已跻身于世界先进标准的行列。国家计委在批准该标准的通知中指出：该标准是制订或修订有关建筑结构标准、规范必须共同遵守的准则；其他工程结构标准、规范也应尽量符合该标准所规定的有关原则。此外，为与国际接轨，参考ISO标准，制订了国家标准《建筑结构设计通用符号、计量单位和基本术语》（GBJ 83-85）和《建筑结构制图标准》（GBJ 105-87）等。

在上述专业基础标准的基础上，相配套的各类结构设计的国家标准相继在80年代末和90年代初修订完成。2000年左右，一批市政给排水结构设计规范进行编制或修订，在吸收、借鉴国外先进标准规范的基础上，《给水排水工程构筑物结构设计规范》（GB 50069-2002）、《给水排水工程管道结构设计规范》（GB 50332-2002）、《室外给水排水和燃气热力工程抗震设计规范》（GB 50032-2003）等一批标准相继编制或修订完成并颁布实施。这一代设计规范作为专业的通用标准，比七八十年代的规范有了较大的改进。标准的内容充分反映了新中国成立以来的科学研究成果和工程实践经验，同时也吸取了先进国家规范的合理规定，逐步开始了与国际接轨。

由于存在时间差或具体执行的需要，作为专业通用标准的国家标准不能及时反映或具体概括各类材料、工艺、结构形式等的发展或变化，因此具体制订下属的具有特色性或补充性内容的行业标准、地方标准和协会标准（专用标准或技术规程）就成为必然。这类专用标准相当多的是以材料特性、结构类型和结构构件设计方法为先导，同时包括了施工工艺和施工质量的要求。这类标准既继承了国家标准的规定，同时也根据自身特点作了更具体的规定，有些甚至调整或修改了国家通用标准的有关规定。这类专用标准或规程，有些确能起到补充国家通用标准的作用，有些则因沟通、协调不够而引起矛盾。凡是标准规定不协调，就会对设计、施工的执行引起误导，因此标准之间的协调和衔接就十分重要。行业专用标准对国家通用标准的规定作实质性修改，必须得到国家通用标准的认可，并在相应的条文说明中作出交代。应建立健全标准管理制度，真正实现将通用标准作为制订专用标准的依据；上层标准的内容作为下层标准内容的共性提升；上层标准应制约下层标准。

建筑结构专业标准都是为了确保建筑结构可靠性。根据国际标准《结构可靠性总原则》（ISO2394：1998），结构的可靠性是一个总概念，包括各种作用的模型、设计规则、可靠性要素、结构反应和抗力、制造工艺、质量控制程序以及国家的各种要求，它们概括了我国建筑业结构专业通用标准和专用标准的全部内容。

在国际上，对一种或一种以上材料组成的结构（如钢筋混凝土结构），通常是通过一本标准予以概括。规范中所采用的材料，均是按本国的或国际认可的标准进行生产的，结构规范只指明该材料种类、规格和设计用的力学指标等即可。国外规范不反映作坊式生产的材料；即不为经再加工而变性的材料重新编制一本标准。如果它仅改变了材料性能，仍可采用该材料的结构规范，仅需指明其力学指标的改变及适用范围的限制等即可。

在美国，各个州可编制本州的强制性标准，但也常引用各专业协会编制的技术标准作为主要依据。美国各专业规范存在互相矛盾的地方，也正在协调并逐步取得统一。在欧洲，欧洲共同体委员（CEC）于1990年经与相关成员国家商议后，规划10年编制《结构用欧洲规范》，包括各类结构（混凝土结构、钢结构等）的设计规范共10本。对于每一种规范（相当于我国通用标准），还包括若干分篇（相当于我国专用标准）。各分篇均遵守《混凝土结构设计》第1篇"总原则和房屋建筑各项规定"有关条款的共性规定，且内容不得重复。不寻求自身的独立和完整，严格遵守上层标准的规定，受到上层标准的制约而做到承上启下，这是值得我们借鉴的。

不难看出，我国现行的各类建筑和市政结构标准确应进行必要的清理整顿。应做到：数量合理；上下层次标准协调，避免不必要的重复和矛盾。如每生产一种管道就编制一本标准，实际上很多类型管道除了生产加工工艺有一些差别外，结构受力原理、施工方式等技术特征基本一致，应分门别类合并编制，避免标准之间的重复和矛盾。还有我国现行的建筑结构主要的通用规范均进行了修订并已颁布实施，但市政结构专业的相关标准未及时修订，出现与结构主要的通用规范无法对接，虽然有的标准已经启动修订，但进度明显滞后，需要加快步伐跟进完善。真正实现建筑和市政结构专业技术标准体系的结构优化还需要做出努力，标准体系的合理性应与现实性相结合。标准体系理应吸取国外标准体系编制的经验并与着手编制的技术法规相衔接起来考虑。当前，标准体系的编制只能在原有标准基础上，作一定的调整、组合，对标准体系中存在的问题，只能采取渐进的方式来解决。

2.8.1.3 工程技术标准体系

1. 现行标准存在的问题

我国的建筑结构设计标准从20世纪60年代开始，市政结构标准从20世纪80年代开始，经过多年的发展，至今已形成了理论基础统一、表达方式基本统一、技术水平比较高、基本满足工程需要、相互配套的、比较完整的技术标准体系。

当前的主要问题，一是在结构通用标准与专用标准之间以及专用标准之间存在部分内容重复，需要通过修订尽量减少重复；二是专用标准中，同一类标准化对象有的有几本标准，应适当合并以减少标准总数量；三是应及时修订市政结构标准，使其与建筑结构的主要通用规范协调一致；四是对技术难度较大的标准，要在近年内努力完成研究与编制工作。可以预计，再经10年努力，我国的建筑结构设计标准体系将可实现全面完整配套。

2. 本标准体系的特点

市政结构专业设计技术标准体系，在竖向分为基础标准、通用标准、专用标准3个层次；在横向根据国际惯例对专门标准按结构材料、适用对象进行分类，形成了较科学、较完整、可操作的标准体系，能够适应今后市政结构工程设计发展的需要。

从各标准体系分类编制来考虑，本专业体系仍以设计为主的内容进行编制。对"建筑地基基础"专业中的基础结构设计，仅列入市政结构专业的一些主要采用标准。对施工质量要求仅列入一些主要采用的标准。

本标准体系中含有技术标准144项，其中基础标准32项，通用标准40项，专用标准72项；现行标准112项，在编标准4项，待编标准28项。本标准体系中技术标准名称、内容和数量均可根据需要而适时调整。

2.8.2　结构专业标准体系框图

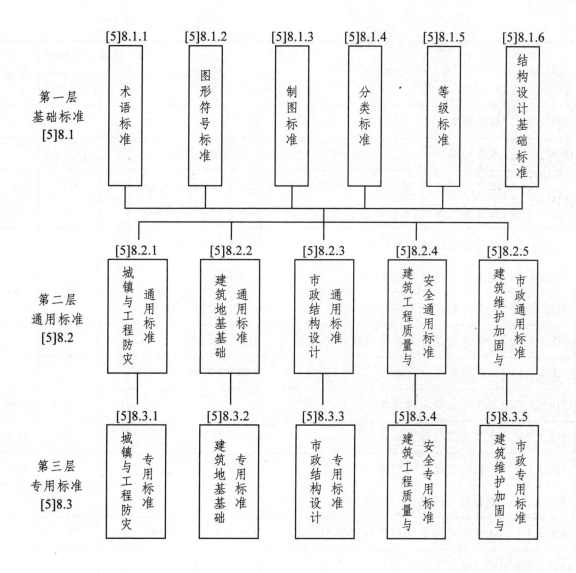

第一层
基础标准
[5]8.1

[5]8.1.1 术语标准

[5]8.1.2 图形符号标准

[5]8.1.3 制图标准

[5]8.1.4 分类标准

[5]8.1.5 等级标准

[5]8.1.6 结构设计基础标准

第二层
通用标准
[5]8.2

[5]8.2.1 城镇与工程防灾通用标准

[5]8.2.2 建筑地基基础通用标准

[5]8.2.3 市政结构设计通用标准

[5]8.2.4 建筑工程质量与安全通用标准

[5]8.2.5 建筑维护加固与市政通用标准

第三层
专用标准
[5]8.3

[5]8.3.1 城镇与工程防灾专用标准

[5]8.3.2 建筑地基基础专用标准

[5]8.3.3 市政结构设计专用标准

[5]8.3.4 建筑工程质量与安全专用标准

[5]8.3.5 建筑维护加固与市政专用标准

2.8.3 结构专业标准体系表

体系编号	标准名称	标准编号	编制出版状况			备注
			现行	在编	待编	
[5]8.1	**基础标准**					
[5]8.1.1	**术语标准**					
[5]8.1.1.1	防震减灾术语 第1部分：基本术语 防震减灾术语 第2部分：专业术语	GB/T 18207.1-2008 GB/T 18207.2-2005	√			
[5]8.1.1.2	建筑结构设计术语标准	GB/T 50083-97	√			
[5]8.1.1.3	岩土工程基本术语标准	GB/T 50279-98	√			
[5]8.1.1.4	民用建筑设计术语标准	GB/T 50504-2009	√			
[5]8.1.1.5	工程结构设计基本术语和通用符号	GBJ 132-90	√			
[5]8.1.1.6	工程抗震术语标准	JGJ/T 97-2011	√			
[5]8.1.1.7	工程抗灾基本术语标准				√	地标
[5]8.1.1.8	建筑地基基础专业术语				√	地标
[5]8.1.1.9	市政工程维护与加固术语标准				√	地标
[5]8.1.2	**图形符号标准**					
[5]8.1.2.1	地震公共信息图形符号与标志	GB/T 24362-2009	√			
[5]8.1.2.2	建筑结构设计术语和符号标准	GB/T 50083-97	√			
[5]8.1.3	**制图标准**					
[5]8.1.3.1	建筑结构制图标准	GB/T 50105-2010	√			
[5]8.1.4	**分类标准**					
[5]8.1.4.1	中国地震动参数区划图	GB 18306-2001	√			
[5]8.1.4.2	土的工程分类标准	GB/T 50145-2007	√			
[5]8.1.4.3	防洪标准	GB 50201-94	√			在修订

体系编号	标准名称	标准编号	编制出版状况			备注
			现行	在编	待编	
[5]8.1.4.4	工程岩体分级标准	GB 50218-94	√			
[5]8.1.4.5	建筑工程抗震设防分类标准	GB 50223-2008	√			
[5]8.1.4.6	城市抗震防灾规划标准	GB 50413-2007	√			
[5]8.1.4.7	市政工程抗震设防分类标准				√	地标
[5]8.1.4.8	工程抗风雪雷击基本区划				√	地标
[5]8.1.4.9	城镇综合防灾规划标准				√	地标
[5]8.1.4.10	建筑结构分类标准				√	地标
[5]8.1.5	**等级标准**					
[5]8.1.5.1	中国地震烈度表	GB/T 17742-2008	√			
[5]8.1.5.2	建（构）筑物地震破坏等级划分	GB/T 24335-2009	√			
[5]8.1.5.3	生命线工程地震破坏等级划分	GB/T 24336-2009	√			
[5]8.1.5.4	市政工程地震破坏等级标准				√	地标
[5]8.1.5.5	建筑工程基于性能的抗震设计标准				√	地标
[5]8.1.5.6	既有建筑完损等级标准				√	地标
[5]8.1.5.7	既有建筑修缮等级标准				√	地标
[5]8.1.6	**结构设计基础标准**					
[5]8.1.6.1	建筑结构可靠度设计统一标准	GB 50068-2001	√			
[5]8.1.6.2	工程结构可靠性设计统一标准	GB 50153-2008	√			
[5]8.1.6.3	水利水电工程结构可靠度设计统一标准			√		国标
[5]8.2	**通用标准**					
[5]8.2.1	**城镇与工程防灾通用标准**					
[5]8.2.1.1	工程场地地震安全性评价	GB 17741-2005	√			
[5]8.2.1.2	水库诱发地震危险性评价	GB 21075-2007	√			
[5]8.2.1.3	建筑抗震设计规范	GB 50011-2010	√			

体系编号	标准名称	标准编号	编制出版状况			备注
			现行	在编	待编	
[5]8.2.1.4	建筑抗震鉴定标准	GB 50023-2009	√			
[5]8.2.1.5	室外给水排水和燃气热力工程抗震设计规范	GB 50032-2003	√			在修订
[5]8.2.1.6	构筑物抗震设计规范	GB 50191-2012	√			
[5]8.2.1.7	油气输送管道线路工程抗震技术规范	GB 50470-2008	√			
[5]8.2.1.8	城市防洪工程设计规范	GB/T 50805-2012	√			
[5]8.2.1.9	工业构筑物抗震鉴定标准	GBJ 117-88	√			
[5]8.2.1.10	建筑抗震试验方法规程	JGJ 101-96	√			
[5]8.2.1.11	四川省城市抗震防灾规划标准			√		地标
[5]8.2.1.12	城镇地上管线工程抗震设计规范				√	地标
[5]8.2.1.13	城镇地上管线工程抗震鉴定标准				√	地标
[5]8.2.1.14	室外给水排水结构及管线工程抗震鉴定标准				√	地标
[5]8.2.2	**建筑地基基础通用标准**					
[5]8.2.2.1	建筑地基基础设计规范	GB 50007-2011	√			
[5]8.2.2.2	岩土工程勘察规范（2009年版）	GB 50021-2001	√			
[5]8.2.2.3	动力机器基础设计规范	GB 50040-96	√			
[5]8.2.2.4	市政工程勘察规范	CJJ 56-2012	√			
[5]8.2.2.5	成都地区建筑地基基础设计规范	DB51/T 5026-2011	√			
[5]8.2.3	**市政结构设计通用标准**					
[5]8.2.3.1	砌体结构设计规范	GB 50003-2011	√			
[5]8.2.3.2	木结构设计规范（2005年版）	GB 50005-2003	√			
[5]8.2.3.3	建筑结构荷载规范	GB 50009-2012	√			
[5]8.2.3.4	混凝土结构设计规范	GB 50010-2010	√			
[5]8.2.3.5	钢结构设计规范	GB 50017-2003	√			

体系编号	标准名称	标准编号	编制出版状况			备注
			现行	在编	待编	
[5]8.2.3.6	给水排水工程构筑物结构设计规范	GB 50069-2002	√			在修订
[5]8.2.3.7	给水排水工程管道结构设计规范	GB 50332-2002	√			在修订
[5]8.2.3.8	铝合金结构设计规范	GB 50429-2007	√			
[5]8.2.3.9	建筑结构间接作用规范				√	地标
[5]8.2.4	**建筑工程质量与安全通用标准**					
[5]8.2.4.1	给水排水构筑物工程施工及验收规范	GB 50141-2008	√			
[5]8.2.4.2	混凝土结构工程施工质量验收规范（2011年版）	GB 50204-2002	√			
[5]8.2.4.3	给水排水管道工程施工及验收规范	GB 50268-2008	√			
[5]8.2.4.4	混凝土结构工程施工规范	GB 50666-2011	√			
[5]8.2.4.5	钢结构工程施工规范	GB 50755-2012	√			
[5]8.2.4.6	木结构工程施工规范	GB/T 50772-2012	√			
[5]8.2.5	**建筑维护加固与市政专业通用标准**					
[5]8.2.5.1	建筑结构检测技术标准	GB/T 50344-2004	√			
[5]8.2.5.2	混凝土结构加固设计规范	GB 50367-2013	√			
[5]8.2.5.3	砌体结构加固设计规范	GB 50702-2011	√			
[5]8.2.5.4	民用建筑修缮工程查勘与设计规程	JGJ 117-98	√			待修编
[5]8.2.5.5	四川省建筑抗震鉴定与加固技术规程	DB51/T 5059-2008	√			
[5]8.2.5.6	既有建筑可靠性鉴定标准				√	地标
[5]8.3	**专用标准**					
[5]8.3.1	**城镇与工程防灾专用标准**					
[5]8.3.1.1	地震应急避难场所场址及配套设施	GB 21734-2008	√			
[5]8.3.1.2	堤防工程设计规范	GB 50286-2013	√			
[5]8.3.1.3	建筑边坡工程技术规范	GB 50330-2013	√			
[5]8.3.1.4	隔振设计规范	GB 50463-2008	√			

体系编号	标准名称	标准编号	编制出版状况			备注
			现行	在编	待编	
[5]8.3.1.5	污水处理卵形消化池工程技术规程	CJJ 161-2011	√			
[5]8.3.1.6	建筑抗震加固技术规程	JGJ 116-2009	√			
[5]8.3.1.7	预应力混凝土结构抗震设计规程	JGJ 140-2004	√			
[5]8.3.1.8	镇（乡）村建筑抗震技术规程	JGJ 161-2008	√			
[5]8.3.1.9	底部框架-抗震墙砌体房屋抗震技术规程	JGJ 248-2012	√			
[5]8.3.1.10	建筑抗震设防目标优化设计规程			√		国标
[5]8.3.1.11	混凝土结构耐火设计规程				√	地标
[5]8.3.1.12	建筑方案抗震设计规程				√	地标
[5]8.3.1.13	给水排水结构及管线抗震加固技术规程				√	地标
[5]8.3.1.14	房屋建筑抗震能力和地震保险评估规程				√	地标
[5]8.3.1.15	震后城镇重建规划规程				√	地标
[5]8.3.1.16	震损建筑工程修复加固改造技术规程				√	地标
[5]8.3.1.17	震损市政工程抗震修复和加固技术规程				√	地标
[5]8.3.1.18	滑坡防治工程设计与施工技术规范				√	地标
[5]8.3.1.19	地质灾害防治工程设计规范				√	地标
[5]8.3.2	**建筑地基基础专用标准**					
[5]8.3.2.1	湿陷性黄土地区建筑规范	GB 50025-2004	√			
[5]8.3.2.2	锚杆喷射混凝土支护技术规范	GB 50086-2001	√			
[5]8.3.2.3	膨胀土地区建筑技术规程	GB 50112-2013	√			
[5]8.3.2.4	地基动力特性测试规范	GB/T 50269-97	√			
[5]8.3.2.5	复合土钉墙基坑支护技术规范	GB 50739-2011	√			
[5]8.3.2.6	复合地基技术规范	GB/T 50783-2012	√			
[5]8.3.2.7	建筑地基处理技术规程	JGJ 79-2012	√			
[5]8.3.2.8	软土地区岩土工程勘察规程	JGJ 83-2011	√			

体系编号	标准名称	标准编号	编制出版状况			备注
			现行	在编	待编	
[5]8.3.2.9	建筑桩基技术规范	JGJ 94-2008	√			
[5]8.3.2.10	冻土地区建筑地基基础设计规程	JGJ 118-2011	√			
[5]8.3.2.11	建筑基坑支护技术规程	JGJ 120-2012	√			
[5]8.3.2.12	载体桩设计规程	JGJ 135-2007	√			
[5]8.3.2.13	湿陷性黄土地区建筑基坑工程安全技术规程	JGJ 167-2009	√			
[5]8.3.2.14	刚-柔性桩复合地基技术规程	JGJ/T 210-2010	√			
[5]8.3.2.15	现浇混凝土大直径管桩复合地基技术规程	JGJ/T 213-2010	√			
[5]8.3.2.16	大直径扩底灌注桩技术规程	JGJ/T 225-2010	√			
[5]8.3.2.17	成都地区基坑工程安全技术规范	DBJ51/T 5072-2011	√			
[5]8.3.3	**市政结构设计专用标准**					
[5]8.3.3.1	混凝土和钢筋混凝土排水管	GB/T 11836-2009	√			
[5]8.3.3.2	地下工程防水技术规范	GB 50108-2008	√			
[5]8.3.3.3	高耸结构设计规范	GB 50135-2006	√			
[5]8.3.3.4	输气管道工程设计规范	GB 50251-2003	√			
[5]8.3.3.5	混凝土结构耐久性设计规范	GB/T 50476-2008	√			
[5]8.3.3.6	钢结构焊接规范	GB 50661-2011	√			
[5]8.3.3.7	城市综合管廊工程技术规范	GB 50838-2012	√			
[5]8.3.3.8	空间网格结构技术规程	JGJ 7-2010	√			
[5]8.3.3.9	轻骨料混凝土结构设计规程	JGJ 12-2006	√			
[5]8.3.3.10	钢筋混凝土薄壳结构设计规程	JGJ 22-2012	√			
[5]8.3.3.11	预应力钢筋用锚具、夹具和连接器应用技术规程	JGJ 85-2010	√			
[5]8.3.3.12	无粘结预应力混凝土结构技术规程	JGJ/T 92-2004	√			
[5]8.3.3.13	钢筋焊接网混凝土结构技术规程	JGJ 114-97	√			
[5]8.3.3.14	混凝土结构后锚固技术规程	JGJ 145-2004	√			
[5]8.3.3.15	建筑钢结构防腐蚀技术规程	JGJ/T 251-2011	√			

体系编号	标准名称	标准编号	编制出版状况			备注
			现行	在编	待编	
[5]8.3.3.16	轻型钢丝网架聚苯板混凝土构件应用技术规程	JGJ/T 269-2012	√			
[5]8.3.3.17	混凝土结构抗热设计规程	YS 12-79	√			
[5]8.3.3.18	室外排水用高密度聚乙烯检查井工程技术规程	DB51/T 5041-2007	√			
[5]8.3.3.19	建筑地下结构抗浮锚杆技术规程			√		地标
[5]8.3.3.20	混凝土楼盖结构抗微振设计规程				√	地标
[5]8.3.4	**建筑工程质量与安全专用标准**					
[5]8.3.4.1	喷灌工程技术规范	GB/T 50085-2007	√			
[5]8.3.4.2	土工合成材料应用技术规范	GB 50290-98	√			
[5]8.3.4.3	水泥基灌浆材料应用技术规范	GB/T 50448-2008	√			
[5]8.3.4.4	大体积混凝土施工规范	GB 50496-2009	√			
[5]8.3.4.5	预防混凝土碱骨料反应技术规范	GB/T 50733-2011	√			
[5]8.3.4.6	清水混凝土应用技术规程	JGJ 169-2009	√			
[5]8.3.4.7	补偿收缩混凝土应用技术规程	JGJ/T 178-2009	√			
[5]8.3.4.8	建筑工程水泥-水玻璃双液注浆技术规程	JGJ/T 211-2010	√			
[5]8.3.4.9	纤维混凝土应用技术规程	JGJ/T 221-2010	√			
[5]8.3.4.10	混凝土外加剂应用技术规范				√	地标
[5]8.3.4.11	市政工程清水混凝土施工技术规程				√	地标
[5]8.3.5	**建筑维护加固与市政专业专用标准**					
[5]8.3.5.1	建筑基坑工程监测技术规范	GB 50497-2009	√			
[5]8.3.5.2	建筑变形测量规范	JGJ 8-2007	√			
[5]8.3.5.3	既有建筑地基基础加固技术规范	JGJ 123-2012	√			
[5]8.3.5.4	混凝土结构耐久性修复与防护技术规程	JGJ/T 259-2012	√			
[5]8.3.5.5	建筑物倾斜纠偏技术规程	JGJ 270-2012	√			

2.8.4 结构专业标准体系项目说明

[5]8.1 基础标准

[5]8.1.1 术语标准

[5]8.1.1.1《防震减灾术语 第 1 部分：基本术语》（GB/T 18207.1-2008），《防震减灾术语 第 2 部分：专业术语》（GB/T 18207.2-2005）

本标准（第 1 部分）适用于防震减灾有关工作及制定防震减灾有关法规和标准，也适用于科研、教学、新闻、出版。本部分主要规定了地震、地震监测预报、地震灾害预防、地震应急与救援和震后救灾与重建门类的基本术语。

本标准（第 2 部分）适用于防震减灾有关工作及制定防震减灾有关法律、法规和标准等，也适用于科研、教学、新闻、出版。本部分主要规定了防震减灾专业技术领域使用的术语和定义，包括地震、地震监测与地震预报、地震台（站）网与地震数据、地震灾害预防、地震应急与地震救援、地震观测仪器、地震实验与地震试验门类的基本术语。

[5]8.1.1.2《建筑结构设计术语标准》（GB/T 50083-97）

本标准适用于结构荷载、混凝土结构、砌体结构、金属结构、木结构、组合结构、混合结构和特种结构等。本标准规定了建筑结构设计基本术语的名称、英文对照写法、术语的定义或解释。由标准 GB/T50083、CECS11、CECS83 合并而成。

[5]8.1.1.3《岩土工程基本术语标准》（GB/T 50279-98）

本标准适用于岩土工程的勘察、试验、设计、施工和监测，以及科研与教学等有关领域。主要内容为规定了一般术语、工程勘察、土和岩石的物理力学性质、岩体和土体处理、土石方工程、地下工程和支挡结构等门类的基本术语。

[5]8.1.1.4《民用建筑设计术语标准》（GB/T 50504-2009）

本标准适用于房屋建筑工程中民用建筑的设计、教学、科研、管理及其他相关领域。主要内容为民用建筑设计的通用术语，居住、教育、商业等不同使用功能建筑和建筑物理、建筑设备方面的专用术语。

[5]8.1.1.5《工程结构设计基本术语和通用符号》（GBJ 132-90）

本标准适用于房屋建筑、公路、铁路、港口与航道和水利水电工程的结构设计专业及其有关领域。主要内容为一般术语，房屋建筑结构术语，公路路线和铁路线路术语，桥、涵洞和隧道术语，水工建筑物术语，结构构件和部件术语，地基和基础术语，结构可靠性和设计方法术语，结构上的作用、作用代表值和作用效应术语，材料性能、构件承载能力和材料性能代表值术语，几何参数和常用量程术语，工程结构设计常用的物理学、数理统计、水力学、岩土力学和结构抗震术语，以及通用符号。

[5]8.1.1.6《工程抗震术语标准》（JGJ/T 97-2011）

本标准适用于工程抗震科研、勘察、设计、施工和管理等领域，是工程抗灾基本术语在抗震方面的扩展。内容包括未列入基本术语的抗震防灾术语，结构周期和振型等动力学术语，强地震观测和抗震试验术语，场地和地基抗震术语，抗震概念设计术语，结构抗震计算和抗震构造术语，震害评估和地震破坏分级术语以及防震减灾管理术语等。

[5]8.1.1.7《工程抗灾基本术语标准》

待编四川省工程建设地方标准。本标准适用于工程结构抗灾科研、勘察、设计、施工、教学和管理等领域。主要内容是较全面地规定了耐火、抗震、抗洪、抗风雪雷击、抗地质灾害等门类的基本术语，包括设防标准，灾害分级的术语，概念设计、构造设计的术语，以及灾害程度、抗灾救援、防灾规划等领域的常用基本术语。

[5]8.1.1.8《建筑地基基础专业术语》

待编四川省工程建设地方标准。本标准用于统一地基基础专业术语、英文译名及符号，作为通用标准及专用标准的基础。主要内容为中英对照的地基基础专业术语及符号。

[5]8.1.1.9《市政工程维护与加固术语标准》

待编四川省工程建设地方标准。本标准适用于既有市政工程相关的技术管理。主要内容是与市政工程相关的修缮、维护、加固等方面的专用术语。

[5]8.1.2 图形符号标准

[5]8.1.2.1《地震公共信息图形符号与标志》（GB/T 24362-2009）

本标准适用于防震减灾相关的场所、设施、仪器设备及相关环境，也适用于出版物及其他信息载体中尺寸大于 10 mm×10 mm 的图形标志。本标准规定了与防震减灾有关的公共信息图形符号与标志。

[5]8.1.2.2《建筑结构设计术语和符号标准》（GB/T 50083-97）

本标准适用于结构荷载、混凝土结构、砌体结构、金属结构、木结构、组合结构、混合结构和特种结构等。本标准规定了建筑结构设计常用的各种量值符号及其概念和使用规则。由于我国的计量改革已基本完成，且已另有相关的国家标准，本标准修订后不再列入计量单位的有关内容。

[5]8.1.3 制图标准

[5]8.1.3.1《建筑结构制图标准》（GB/T 50105-2010）

本标准适用于混凝土结构、砌体结构、金属结构、木结构、组合结构、混合结构和特种结构等。本标准规定了建筑结构的制图规则、有关制图的表示方法和标注方法。由标准GBJ105修订而成。

[5]8.1.4 分类标准

[5]8.1.4.1《中国地震动参数区划图》（GB 18306-2001）

本标准适用于新建、改建、扩建一般建设工程抗震设防，适用于编制社会经济发展和国土利用规划，编制防震减灾规划，以及已建一般建设工程的抗震鉴定加固。本标准给出了中国地震动参数区划图及其技术要素和使用规定，主要内容为采用反应谱双参数标定形式给出了一般场地条件下（Ⅱ类场地）50年超越概率10%的水平向峰值加速度区划图、特征周期区划图及参数调整表，并对其适用范围作了严格界定。

[5]8.1.4.2《土的工程分类标准》（GB/T 50145-2007）

本标准适用于土的基本分类。各行业在遵守本标准的基础上可根据需要编制专门分类标准。主要内容为规定土的工程分类，土的简易鉴别方法和鉴别分类，对土的性状作定性评价。

[5]8.1.4.3《防洪标准》（GB 50201-94）

本标准适用于城市、乡村和国民经济主要设施等各种防护对象的规划、设计、施工和管理。主要内容是按照具有一定防洪安全度，承担一定风险，经济上基本合理，技术上确实可行的原则，对城市、乡镇、大型工矿企业、交通运输、水利工程、文物和旅游设施，在遭遇暴雨洪水、融雪洪水、雨雪混合洪水及河海风暴潮时的减灾目标，划分不同的设防等级和防洪要求。

[5]8.1.4.4《工程岩体分级标准》（GB 50218-94）

本标准适用于各类型岩石工程的岩石分级，为岩石工程建设的勘察、设计、施工、编制定额提供基本依据。主要内容为规定评价工程岩体稳定性的分级方法，包括岩体基本质量的分级因素、岩体基本质量分级和工程岩体级别的确定等。

[5]8.1.4.5《建筑工程抗震设防分类标准》（GB 50223-2008）

本标准适用于抗震设防地区工业与民用建筑抗震设防类别的划分。主要内容包括广播、电视、邮电通信、交通运输、能源和原材料、加工制造、住宅和公共建筑、仓库等各类建筑的设防分类准则和示例。本标准依据建筑物遭受地震破坏后对社会影响的程度、直接和间接经济损失的大小和影响范围、建筑在抗震救灾中的作用，并考虑建筑结构自身抗震潜力的大小等因素，对其设防标准予以规定，达到最大限度减少建筑的地震灾害又合理使用有限资金的目的。

[5]8.1.4.6《城市抗震防灾规划标准》（GB 50413-2007）

本标准适用于抗震设防地区地震动峰值加速度大于或等于 0.05g（地震基本烈度为 6 度及以上）的城市抗震防灾规划编制。主要内容包括城镇设防规划的分类、场地调查、土地利用、工程建设数据库、震前预案、震后应急、防灾宣传教育等方面的要求，以及规划的格式、表达、实施以及修订的要求，以便制定各城镇中建筑和市政工程抗震设防的依据。本标准以〔90〕建抗 398 号文为基础编制。

[5]8.1.4.7《市政工程抗震设防分类标准》

待编四川省工程建设地方标准。本标准适用于抗震设防地区市政工程抗震设防类别的划分。主要内容包括城镇供水、供热、供气、供电的各种管网及市内道路桥梁等工程抗震设防的分类准则和示例。本标准依据市政工程遭受地震破坏后对社会影响的程度、直接和间接经济损失的大小和影响范围，并考虑工程结构自身抗震潜力的大小等因素，对其设防标准予以规定，达到最大限度减少市政工程的地震灾害，又合理使用有限资金的目的。

[5]8.1.4.8《工程抗风雪雷击基本区划》

待编四川省工程建设地方标准。本标准适用于风雪等气象灾害防护区。主要内容是规定四川地区主要暴风雪和雷击区域的范围和设防分级，是各类建筑工程和市政工程抗风雪雷击设计的设防依据。

[5]8.1.4.9《城镇综合防灾规划标准》

待编四川省工程建设地方标准。本标准适用于可能发生自然和人为灾害的城镇规划。主要内容是依据城镇各类灾害源的性质、分布和相互作用，提出将各类灾害相互协调防治的设防分区、设防标准等区划的关键对策。

[5]8.1.4.10《建筑结构分类标准》

待编四川省工程建设地方标准。由于各种新建筑材料、结构形式的不断涌现以及互相交叉渗透，本标准着眼于新材料的应用，为各类新型建筑结构的分类和设计原则提供依据。

[5]8.1.5 等级标准

[5]8.1.5.1《中国地震烈度表》（GB/T 17742-2008）

本标准适用于地震烈度评定。本标准规定了地震烈度的评定指标，包括人的感觉、房屋震害程度、其他震害现象、水平向地震动参数。

[5]8.1.5.2《建（构）筑物地震破坏等级划分》（GB/T 24335-2009）

本标准适用于各类房屋建筑和构筑物地震后破坏的损失估计。主要内容是各类建（构）筑物遭遇地震破坏轻重的分级方法、经济损失估计原则，以及多层砖房、混凝土框架、底框房屋、单层厂房、空旷房屋、旧民房等建筑和工业构筑物及其设施，如烟囱、水塔、构架、贮仓、井塔、冷却塔、电视塔、设备基础、通廊、储罐、尾矿坝等，具体评定其地震破坏的定性和定量描述。本标准是各类建（构）筑物遭受强烈地震后救灾抢险、修复和今后保险赔偿的依据。本标准可将〔90〕建抗 377 号文转换为标准。

[5]8.1.5.3《生命线工程地震破坏等级划分》（GB/T 24336-2009）

本标准适用于地震现场震害调查、灾害损失评估、烈度评定以及震害预测和工程修复等工作。本标准规定了生命线工程地震破坏等级划分的原则和方法，主要内容是生命线工程结构和设备，如生命线工程设备、交通系统、供水系统、输油系统、燃气系统、电力系统、通信系统、水利工程，具体评定其地震破坏的定性和定量描述。

[5]8.1.5.4《市政工程地震破坏等级标准》

待编四川省工程建设地方标准。本标准适用于各类市政工程地震后破坏的损失估计。主要内容是城镇供水、供热、供气、供电的各种管网及市内道路桥梁等工程遭遇地震后破坏的分级、经济损失估计准则和具体定性、定量描述。本标准是市政工程遭受强烈地震后救灾抢险、修复和今后保险赔偿的依据。

[5]8.1.5.5《建筑工程基于性能的抗震设计标准》

待编四川省工程建设地方标准。本标准适用于需要按使用性能要求进行抗震设计的建筑。主要内容是紧跟国际发展趋势，规定根据业主对使用上的要求，在国家规定的最低标准之上，从设防目标、设防标准、投资和保险等综合决策上，在建筑结构的设计计算和构造等技术上提供一套基本的抗震设计原则。

[5]8.1.5.6《既有建筑完损等级标准》

待编四川省工程建设地方标准。本标准适用于各类既有建筑。主要内容是给出各类建筑损伤等级的划分标准，以便确定修缮方法、修缮内容。

[5]8.1.5.7《既有建筑修缮等级标准》

待编四川省工程建设地方标准。本标准适用于各类既有建筑。主要内容是按各类建筑损伤等级规定相应的修缮等级及相应的修缮方法。

[5]8.1.6 结构设计基础标准

[5]8.1.6.1《建筑结构可靠度设计统一标准》（GB 50068-2001）

本标准适用于建筑结构、组成结构的构件以及地基基础的设计，适用于确定各种结构上的作用和各类结构及其基础的设计原则。本标准规定了基于可靠度的设计原则，包括概率极限状态设计法的基本原则，结构上的作用，材料性能和几何参数，分项系数表达式和材料，构件的质量控制。本标准等效采用 ISO2394 和 GB50068 修订而成。

[5]8.1.6.2《工程结构可靠性设计统一标准》（GB 50153-2008）

本标准适用于对整个结构、组成结构的构件以及地基基础的设计，适用于结构的施工阶段和使用阶段，适用于对既有结构的可靠性评定。主要内容为规定了基于可靠度的设计原则，包括极限状态设计原则，结构上的作用和环境影响，材料和岩土的性能及几何参数，结构分析和试验辅助设计，分项系数设计方法和质量管理。本标准规定了房屋建筑工程、铁路工程、公路工程、港口工程、水利水电工程等各领域工程结构设计的基本原则、基本要求和基本方法，为制定各类工程结构设计标准和其他相关标准提供了基本准则。

[5]8.1.6.3《水利水电工程结构可靠度设计统一标准》

在编国家标准。

[5]8.2 通用标准

[5]8.2.1 城镇与工程防灾通用标准

[5]8.2.1.1《工程场地地震安全性评价》（GB 17741-2005）

本标准适用于各类建设工程选址与抗震设防要求的确定、防震减灾规划、社会经济发展规划等工作中所涉及的工程场地地震安全性评价。本标准规定了工程场地地震安全性评价的技术要求和技术方法，主要内容包括：工程场地地震安全性评价工作分级，区域地震活动性和地震构造评价，近场区地震活动性和地震构造评价，工程场地地震工程地质条件勘测，地震动衰减关系确定，地震危险性的确定性分析，地震危险性的概率分析，区域性地震区划，场地地震动参数确定和地震地质灾害评价，地震小区划，地震动峰值加速度复核。

[5]8.2.1.2《水库诱发地震危险性评价》（GB 21075-2007）

本标准适用于新建、扩建的大型水利水电工程的抗震设计、工程选址和水库影响区的防震减灾。本标准规定了水利水电工程水库影响区的水库诱发地震危险性评价的工作内容、技术要求和工作方法，主要内容包括：水库诱发地震危险性评价工作分级和工作内容，主要工作图件及编图要求，水库区地质调查基本要求，水库影响区的地震活动背景和地应力场，确定性评价，概率评价，水库诱发地震危险性的综合评价。

[5]8.2.1.3《建筑抗震设计规范》（GB 50011-2010）

本规范适用于抗震设防区的建筑抗震设计。主要内容是规定了各类材料的房屋建筑工程抗震设计的三水准设防目标、概念设计和基本要求、场地选择、地基基础抗震验算和处理、结构地震作用取值和构件抗震承载力验算，并针对多层砌体结构、钢筋混凝土结构、钢结构、土木石结构、底框房屋、单层空旷房屋的特点，规定了有别于其静力设计的抗震选型、布置和抗震构造措施。还提供了隔震、消能减震设计及非结构构件抗震设计的原则规定。本规范提出的设计原则和基本方法往往成为各类工程结构抗震设计规范的共同要求。

[5]8.2.1.4《建筑抗震鉴定标准》（GB 50023-2009）

本标准适用于抗震设防区的建筑抗震鉴定。主要内容是规定了震前对房屋建筑综合抗震能力进行评估时的设防目标和逐级评定方法，针对多层砌体结构、钢筋混凝土结构、钢结构、土木石结构、底框房屋、单层空旷房屋的特点，规定了有别于抗震设计的设防标准、地震作用、抗震验算和抗震构造要求，以作为房屋建筑震前抗震加固的依据。本标准提出的鉴定原则和基本方法往往成为各类工程结构抗震鉴定标准的共同要求。

[5]8.2.1.5《室外给水排水和燃气热力工程抗震设计规范》（GB 50032-2003）

本规范适用于抗震设防区的室外给水排水和燃气热力工程抗震设计。主要内容是规定城镇给排水、燃气和热力等地下管线和相应的加压、减压站抗震设计的设防目标、基本要求、场地选择、地基基础抗震验算和处理、地震作用取值和构件抗震承载力验算，并针对地下管线的受力特点规定了有别于地上管线的抗震计算和抗震构造措施。

[5]8.2.1.6《构筑物抗震设计规范》（GB 50191-2012）

本规范适用于抗震设防区的构筑物抗震设计。主要内容是规定了各类构筑物抗震设计共同的设防目标、概念设计和基本要求、场地选择、地基基础抗震验算和处理、结构地震作用取值和构件抗震承载力验算，并针对烟囱、水塔、构架、贮仓、井塔、井架、冷却塔、电视塔、设备基础、通廊、支架、储罐、尾矿坝等构筑物的结构特点，规定了有别于房屋建筑的抗震选型、布置和抗震构造措施。

[5]8.2.1.7《油气输送管道线路工程抗震技术规范》（GB 50470-2008）

本规范适用于地震动峰值加速度大于或等于 $0.05g$ 至小于或等于 $0.40g$ 地区的陆上钢质油气输送管道线路工程的新建、扩建和改建工程的抗震勘察、设计、施工及验收。主要内容是规定了油气输送管道线路工程的抗震要求，包括一般规定，抗震设防要求，工程勘察及场地划分，管道抗震设计，管道抗震措施，管道抗震施工和管道线路工程抗震验收。

[5]8.2.1.8《城市防洪工程设计规范》（GB/T 50805-2012）

本规范适用于城市防洪工程设计。主要内容是根据城市防洪等级和建筑物的重要性，规定防洪工程总体设计、分洪和蓄洪工程设计、堤岸设计、山洪和泥石流防治、防洪闸设计等。

[5]8.2.1.9《工业构筑物抗震鉴定标准》（GBJ 117-88）

本标准适用于抗震设防区的工业构筑物抗震鉴定。主要内容是规定了震前对各类构筑物综合抗震能力进行评估时的设防目标和逐级评定方法,包括有别于抗震设计的设防标准、地震作用、抗震验算和抗震构造要求,针对烟囱、水塔、构架、贮仓、井塔、井架、冷却塔、电视塔、设备基础、通廊、支架、储罐、尾矿坝等构筑物的结构特点,规定了有别于房屋建筑震前抗震鉴定的内容。

[5]8.2.1.10《建筑抗震试验方法规程》(JGJ 101-96)

本规程适用于各类建筑结构的抗震试验。主要内容是规定了房屋建筑和构筑物抗震试验的方法,包括试体的设计和制作,结构及其构件的拟静力、拟动力试验方法,模型振动台动力试验方法和原型结构动力试验方法等,以及试验数据、试验设备、试验结果评定和试验安全措施。

[5]8.2.1.11《四川省城市抗震防灾规划标准》

在编四川省工程建设地方标准。

[5]8.2.1.12《城镇地上管线工程抗震设计规范》

待编四川省工程建设地方标准。本规范适用于抗震设防区的城镇地上管线工程抗震设计。主要内容是规定城镇输电、通信等地上管线抗震设计的设防目标、基本要求、场地选择、地基基础抗震验算和处理、地震作用取值和构件抗震承载力验算,并针对地上管线的结构特点规定了有别于房屋建筑和构筑物的抗震构造措施。

[5]8.2.1.13《城镇地上管线工程抗震鉴定标准》

待编四川省工程建设地方标准。本标准适用于抗震设防区的城镇地上管线工程抗震鉴定。主要内容是规定了震前对城镇输电、通信等管线工程综合抗震能力进行评估时的设防目标和逐级评定方法,侧重于有别于房屋建筑、构筑物震前抗震鉴定的内容。

[5]8.2.1.14《室外给水排水结构及管线工程抗震鉴定标准》

待编四川省工程建设地方标准。本标准适用于抗震设防区的室外给水排水结构及管线工程的抗震鉴定。主要内容是规定了震前对城镇给排水、燃气和热力工程的结构及管线工程抗震能力进行评估时的设防目标和逐级评定方法,侧重于有别于房屋建筑的构筑物和管线的抗震鉴定内容。本标准在原《室外给水排水工程设施抗震鉴定标准》和《室外煤气热力工程设施抗震鉴定标准》的基础上编制。

[5]8.2.2 建筑地基基础通用标准

[5]8.2.2.1《建筑地基基础设计规范》(GB 50007-2011)

本标准作为本专业专用标准的编制依据。主要内容包括:建筑地基基础的设计原则,地基承载力的确定方法及容许承载力,地基变形的计算方法及允许值,地基稳定性的基本要求及计算原则，各类基础设计的原则和要求。基础计算体系和截面设计规则与上部结构标准一致。

[5]8.2.2.2《岩土工程勘察规范（2009年版）》（GB 50021-2001）

本规范综合性很强，适用于除水利、铁路、公路和桥隧工程以外的岩土工程勘察。主要内容包括：岩土工程勘察术语和符号，勘察分级和岩土分类，各类工程的勘察基本要求，不良地质和地质灾害，特殊性岩土，工程地质测绘和调查，勘探和取样，原位测试，室内试验，水和土腐蚀性的评价，现场检验和监测，岩土工程分析评价和成果报告等。由标准GB 50021-94修订而成。

[5]8.2.2.3《动力机器基础设计规范》（GB 50040-96）

本标准适用于活塞式压缩机、汽轮机组和电机等动力机器的基础设计。规定了各类机器基础的动力分析、强度计算和构造措施，规定了地面竖向振动衰减计算公式以及各类机器基础的允许振幅值。

[5]8.2.2.4《市政工程勘察规范》（CJJ 56-2012）

本规范适用于城市道路、桥涵、隧道、室外管道、给排水厂站、堤岸等建设项目的岩土工程勘察。主要内容包括：勘察阶段的划分与基本工作内容，城市道路工程，城市桥涵工程，城市隧道工程，城市室外管道工程，城市给排水厂站工程，城市堤岸工程的勘察要求，以及资料整理和报告编制基本规定等。

[5]8.2.2.5《成都地区建筑地基基础设计规范》（DB51/T 5026-2011）

本规范适用于成都市平原区和周边台地上修建的工业与民用建筑（包括构筑物）地基基础设计。成都市的低山和丘陵地区可参照使用。主要内容包括：成都地区建筑地基基础的设计原则，岩土工程勘察，地基计算，各类基础设计的原则和要求，天然地基的利用及地基加固，软弱地基变形危害的预防措施，膨胀土地基，边坡工程等。

[5]8.2.3 市政结构设计通用标准

[5]8.2.3.1《砌体结构设计规范》（GB 50003-2011）

本规范适用于砖砌体、多孔砖砌体、混凝土空心砌块砌体、石砌体结构的设计。本标准规定了砌体结构和配筋砌体结构相应的材料设计指标，基本设计原则，各类结构的静力和结构构件的抗震设计方法及构造要求。由标准GB50003及JGJ137合并修订而成。

[5]8.2.3.2《木结构设计规范（2005年版）》（GB 50005-2003）

本规范适用于各种木材制作的木结构的设计。本标准规定了各种木结构（包括木网架结构）的材料设计指标，基本设计原则，各类结构构件的静力、疲劳和抗震设计方法及构造要求。由标准 GB50005 修订而成。

[5]**8.2.3.3**《建筑结构荷载规范》（GB 50009-2012）

本规范适用于各种结构中采用的荷载取值，并作为确定各种效应组合的依据。本标准规定了荷载的分类，荷载效应组合，恒荷载、楼面活荷载、风雪荷载和吊车荷载的数值等。由标准 GB50007 修订而成。

[5]**8.2.3.4**《混凝土结构设计规范》（GB 50010-2010）

本规范适用于素混凝土结构、钢筋混凝土结构和预应力混凝土结构的设计。本标准规定了混凝土结构材料的设计指标，承载力、变形和裂缝的设计方法和构造要求，以及结构构件的抗震设计方法和构造要求。由标准 GB50010 修订而成。

[5]**8.2.3.5**《钢结构设计规范》（GB 50017-2003）

本规范规定了各种钢及薄壁型钢结构的材料设计指标，基本设计原则，各类结构构件的静力、疲劳和抗震设计方法，构造要求以及钢结构的连接技术。由标准 GB50017、GB50018、JGJ82、JGJ81 合并修订而成。

[5]**8.2.3.6**《给水排水工程构筑物结构设计规范》（GB 50069-2002）

本规范适用于城镇公用设施和工业企业中一般给水排水工程构筑物的结构设计；不适用于工业企业中具有特殊要求的给水排水工程构筑物的结构设计。主要内容是针对给水排水工程构筑物结构设计中的一些共性要求作出规定，包括适用范围、主要符号、材料性能要求、各种作用的标准值、作用的分项系数和组合系数、承载能力极限状态、正常使用极限状态以及构造要求等。

[5]**8.2.3.7**《给水排水工程管道结构设计规范》（GB 50332-2002）

本规范适用于城镇公用设施和工业企业中的一般给水排水工程管道的结构设计，不适用于工业企业中具有特殊要求的给水排水工程管道的结构设计。主要内容是针对给水排水工程各类管道结构设计中的一些共性要求作出规定，包括适用范围、主要符号、各种作用的标准值、作用的分项系数和组合系数、承载能力极限状态、正常使用极限状态以及构造要求等。

[5]**8.2.3.8**《铝合金结构设计规范》（GB 50429-2007）

本规范适用于一般工业与民用建筑和构筑物的铝合金结构设计，不适用于直接受疲劳动力荷载的承重结构和构件设计。本标准规定了铝合金结构材料的设计指标，基本设计原则，构件的有效截面，受弯构件、轴心受力构件、拉弯构件和压弯构件的强度和整体稳定性计算，连接计算，构造要求，和铝合金面板。

[5]**8.2.3.9**《建筑结构间接作用规范》

待编四川省工程建设地方标准。本规范作为荷载规范的补充，考虑各种间接作用（温度、收缩、徐变、强迫位移等）在各类结构中引起的效应。本规范对间接作用的分类、设计取值及其参与组合的原则等作出规定。

[5]8.2.4 建筑工程质量与安全通用标准

[5]8.2.4.1《给水排水构筑物工程施工及验收规范》（GB 50141-2008）

本规范适用于新建、扩建和改建城镇公用设施和工业企业中常规的给排水构筑物工程的施工与验收，不适用于工业企业中具有特殊要求的给排水构筑物工程施工与验收。主要规定了给水排水构筑物工程及其分项工程施工技术、质量、施工安全方面的要求，施工质量验收的标准、内容和程序。

[5]8.2.4.2《混凝土结构工程施工质量验收规范（2011年版）》（GB 50204-2002）

本规范适用于混凝土结构工程的施工质量验收，主要内容为混凝土结构工程的检验批和分项工程以及分部工程施工质量验收的要求。

[5]8.2.4.3《给水排水管道工程施工及验收规范》（GB 50268-2008）

本规范适用于新建、扩建和改建城镇公共设施和工业企业的室外给排水管道工程的施工及验收，不适用于工业企业中具有特殊要求的给排水管道施工及验收。主要内容包括基本规定、土石方与地基处理、开槽施工管道主体结构、不开槽施工管道主体结构、沉管和桥管施工主体结构、管道附属构筑物以及管道功能性试验等。

[5]8.2.4.4《混凝土结构工程施工规范》（GB 50666-2011）

本规范适用于混凝土结构工程的施工，主要内容包括混凝土施工的模板、钢筋和现浇混凝土等操作技术、施工工艺及质量控制。

[5]8.2.4.5《钢结构工程施工规范》（GB 50755-2012）

本规范适用于钢结构工程的施工，主要内容包括钢结构焊接、连接和安装等施工操作技术、施工工艺及质量控制。

[5]8.2.4.6《木结构工程施工规范》（GB/T 50772-2012）

本规范适用于木结构工程的施工，主要内容包括木和原木结构、胶合木结构、木构件防护等木结构工程施工的操作技术、施工工艺及质量控制。

[5]8.2.5 建筑维护加固与市政专业通用标准

[5]8.2.5.1《建筑结构检测技术标准》（GB/T 50344-2004）

本标准适用于建筑结构质量检测，主要内容包括结构检测的基本要求，砌体结构、钢筋混凝土结构、钢结构和木结构的基本检测方法及结果评价等。

[5]8.2.5.2 《混凝土结构加固设计规范》（GB 50367-2013）

本规范适用于各种承载能力不足的混凝土结构的处理，加固设计，施工与验收。主要内容包括加固设计方法、施工操作要求与质量验收标准。

[5]8.2.5.3 《砌体结构加固设计规范》（GB 50702-2011）

本规范适用于各种承载能力不足的砌体结构的处理，加固设计，施工与验收。主要内容是加固设计方法、施工操作要求与质量验收标准。

[5]8.2.5.4 《民用建筑修缮工程查勘与设计规程》（JGJ 117-98）

本规范适用于各类既有建筑的非结构性和非设备问题的工程施工。主要内容是对既有建筑的渗漏、装饰、装修、门窗、上下水、供电、采暖等的处理方法，建议对现行标准进行修编，在原有基础上扩充适用范围，适用于一般建筑的修缮（不包括特殊工业厂房的维修），但不包括结构的加固。

[5]8.2.5.5 《四川省建筑抗震鉴定与加固技术规程》（DB51/T 5059-2008）

本规程适用于四川省抗震设防烈度为 6～9 度地区的现有民用建筑的抗震鉴定与抗震加固。主要内容是现有民用建筑的抗震鉴定与加固设计方法，包括地基和基础，多层砌体房屋，多层和高层钢筋混凝土房屋，底层框架和多层多排柱内框架砖房，质量检查与验收，以及拆除和加固施工安全技术等。

[5]8.2.5.6 《既有建筑可靠性鉴定标准》

待编四川省工程建设地方标准。本标准适用于各类既有建筑。主要内容包括既有建筑结构的安全性、耐久性和适用性鉴定，将现有《民用建筑可靠性鉴定标准》（GB50292-1999）、《工业建筑可靠性鉴定标准》（GB 50144-2008）和《危险屋鉴定标准（2004年版）》（JGJ 125-99）合并，与《建筑结构检测技术标准》配套。既有建筑结构的结构形式包括混凝土结构、钢结构、砌体结构和木结构等。对于那些不能用可靠性方法鉴定的旧建筑和农村建筑的安全性单列一章，作出专门的规定。

[5]8.3 专用标准

[5]8.3.1 城镇与工程防灾专用标准

[5]8.3.1.1 《地震应急避难场所场址及配套设施》（GB 21734-2008）

本标准适用于经城乡规划选定为地震应急避难场所的设计、建设或改造。主要规定了地震应急避难场所的分类、场址选择及设施配置等的要求。

[5]8.3.1.2 《堤防工程设计规范》（GB 50286-2013）

本规范适用于新建、加固、扩建、改建堤防工程的设计。主要内容为堤防工程的级别及设计标准，以河流、湖泊、海岸带的综合规划或防洪、防潮专业规划为依据，根据气象水文、地形地貌、水系水域、地质及社会经济状况，规定堤防工程设计的稳定、变形、渗流要求等；堤防加固、扩建设计还需要堤防工程现状及运用情况等资料。

[5]8.3.1.3《建筑边坡工程技术规范》（GB 50330-2013）

本规范适用于建筑边坡工程的勘察、设计与施工。主要内容是规定建造房屋等建筑工程所应考虑的场地地质条件、规划、荷载和减灾措施等设计原则，岩、土边坡的地质勘察，稳定性评价，侧向岩、土压力的计算，各类锚固结构及挡墙的设计方法，工程滑坡、危岩、崩塌的防治，以及边坡工程的施工和监测。

[5]8.3.1.4《隔振设计规范》（GB 50463-2008）

本规范适用于下列情况的隔振设计，即对生产、工作及建筑物的周围环境产生有害振动影响的动力机器的主动隔振，对周围环境振动反应敏感或受环境振动影响而不能正常使用的仪器、仪表或机器的被动隔振；不适宜用于隔离由地震、风振、海浪和噪声等引起的振动，不适用于古建筑的隔振设计。主要内容包括隔振设计基本规定、容许振动值、隔振参数及固有频率、主动隔振、被动隔振、隔振器与阻尼器等。

[5]8.3.1.5《污水处理卵形消化池工程技术规程》（CJJ 161-2011）

本规程适用于后张法预应力卵形消化池结构的设计、施工及验收。主要内容是规定后张法预应力卵形消化池结构的术语、符号，材料要求，基本规定，结构设计方法，构造要求，施工和验收等。

[5]8.3.1.6《建筑抗震加固技术规程》（JGJ 116-2009）

本标准适用于建筑的抗震加固设计及施工。主要内容是与《建筑抗震鉴定标准》配套，规定了对不符合鉴定要求的房屋建筑进行加固的决策、设计和施工要求。

[5]8.3.1.7《预应力混凝土结构抗震设计规程》（JGJ140-2004）

本标准适用于预应力混凝土结构构件抗震设计及施工。主要内容是规定预应力混凝土结构有别于钢筋混凝土结构的抗震要求，包括有黏结部分预应力和无黏结部分预应力两类，是《建筑抗震设计规范》有关规定的具体化和补充。

[5]8.3.1.8《镇（乡）村建筑抗震技术规程》（JGJ 161-2008）

本标准适用于村镇一般房屋建筑的设计和施工，主要内容着重于根据村镇建筑的特点，提出确实可行的、有效的、因地制宜的抗震构造措施，力求做到不增加造价或仅增加少量造价即可大大改善量大面广的一般村镇建筑的抗震性能。

[5]8.3.1.9《底部框架-抗震墙砌体房屋抗震技术规程》（JGJ 248-2012）

本标准适用于底部框架-抗震墙砌体房屋的抗震设计。主要内容是《建筑抗震设计规范》对这类砖砌体房屋抗震设计规定的进一步补充，侧重于上部为混凝土小型砌块的房屋等。

[5]8.3.1.10《建筑抗震设防目标优化设计规程》

在编国家标准。

[5]8.3.1.11《混凝土结构耐火设计规程》

待编四川省工程建设地方标准。本标准适用于混凝土结构耐火设计。主要内容是规定混凝土结构耐火目标、构件达到规定的耐火极限的技术措施。

[5]8.3.1.12《建筑方案抗震设计规程》

待编四川省工程建设地方标准。本标准适用于建筑方案的抗震设计。主要内容是《建筑抗震设计规范》关于抗震概念设计在建筑方案设计的具体规定和补充要求，包括设防目标、规则性界限以及防止设计严重不规则方案的对策和措施。

[5]8.3.1.13《给水排水结构及管线抗震加固技术规程》

待编四川省工程建设地方标准。本标准适用于城镇给水排水结构及管线的抗震加固设计及施工。主要内容是与《室外给水排水结构及管线工程抗震鉴定标准》配套，规定了对不符合鉴定要求的城镇给排水、燃气和热力工程的结构及管线工程进行加固的决策、设计和施工要求。

[5]8.3.1.14《房屋建筑抗震能力和地震保险评估规程》

待编四川省工程建设地方标准。本标准适用于房屋建筑的地震保险评估。主要规定房屋地震保险使用的技术要求，包括依据房屋设计时的设防标准和使用维修状况估计房屋保险价值和保险分级方法。

[5]8.3.1.15《震后城镇重建规划规程》

待编四川省工程建设地方标准。本标准适用于震后城镇重建规划。主要内容是根据震后全城镇房屋和市政工程损坏的总体情况，规定如何决定就地重建、异地重建、保留震害遗迹等的决策，以及相应的新城镇规划方法。

[5]8.3.1.16《震损建筑工程修复加固改造技术规程》

待编四川省工程建设地方标准。本标准适用于震损房屋建筑的修复加固和改造的设计及施工。主要规定按重建规划修复和改造震损建筑的专门要求，如修旧如旧、保留外貌、内部改造的有关抗震设计和施工技术。

[5]8.3.1.17《震损市政工程抗震修复和加固技术规程》

待编四川省工程建设地方标准。本标准适用于强烈地震发生后市政工程的抗震鉴定和加固设计。主要内容是规定了强烈地震发生后，对受损的城镇各类市政和道桥工程进行加固的设防目标、设防标准、综合抗震能力评定和相应的基本加固设计方法。侧重于有别于震损建筑抗震鉴定和加固的内容。

[5]8.3.1.18《滑坡防治工程设计与施工技术规范》

待编四川省工程建设地方标准。本标准适用于滑坡防治工程的设计与施工。主要内容是根据滑坡类型、规模、稳定性，并结合滑坡区工程地质条件、建筑类型及分布情况、施工设备和施工季节等条件，规定了采用截排水、抗滑桩、预应力锚索、格构锚固、挡土墙、注浆、减载压脚及植物工程等多种措施综合治理滑坡的设计和施工要求，以及滑坡防治监测、施工组织设计、质量检验与工程验收。

[5]8.3.1.19《地质灾害防治工程设计规范》

待编四川省工程建设地方标准。本规范适用于滑坡、危岩和塌岸三类四川地区常见的地质灾害的工程治理设计的技术规定。主要内容为规定了混凝土抗滑桩及抗滑桩支挡设计推力安全系数的取值建议，锚拉桩设计，人工挖孔桩护护壁设计，塌岸治理，预应力锚索设计，埋入式抗滑桩模型试验及分析，悬臂式抗滑桩实体试验及分析，以及重庆地区典型的滑坡治理工程算例。

[5]8.3.2 建筑地基基础专用标准

[5]8.3.2.1《湿陷性黄土地区建筑规范》（GB 50025-2004）

本规范适用于湿陷性黄土地区工业与民用建筑物、构筑物及其附属工程的勘察、设计、施工和维护管理。主要内容包括湿陷性黄土的判别、黄土地基的设计、沉降计算、黄土地基处理的方法、防水与结构措施等。

[5]8.3.2.2《锚杆喷射混凝土支护技术规范》（GB 50086-2001）

本标准适用于矿山井巷、交通隧道、水工隧洞和各类洞室等地下工程锚喷支护的设计与施工，也适用于各类岩土边坡锚喷支护的施工。主要内容包括围岩分级、锚喷支护设计、现场监控量测、光面爆破、锚杆施工、喷射混凝土施工、安全技术与防尘、质量检查与工程验收等。

[5]8.3.2.3《膨胀土地区建筑技术规程》（GB 50112-2013）

本标准适用于膨胀土地区工业与民用建筑物的勘察、设计、施工和维护管理。主要内容包括膨胀土的判别，膨胀土地基的分级，膨胀与收缩变形的计算，湿陷系数的计算方法，膨胀土地基设计方法、处理方法，坡地建筑地基水平膨胀的防治措施，膨胀土中桩的设计方法以及膨胀土地基的施工与维护等。

[5]8.3.2.4《地基动力特性测试规范》（GB/T 50269-97）

本规范适用于地基动力特性的测试。主要内容为地基动力参数（抗压、抗弯、抗剪、抗扭刚度系数）的测定方法，对块体基础自由振动和强迫振动试验方法作出规定。

[5]8.3.2.5《复合土钉墙基坑支护技术规范》（GB 50739-2011）

本规范适用于建筑与市政工程中复合土钉墙基坑支护工程的勘察、设计、施工、检测和监测。主要内容为规定了复合土钉墙基坑支护的基本要求、勘察、设计、施工、检测以及监测等。

[5]8.3.2.6《复合地基技术规范》（GB/T 50783-2012）

本规范适用于复合地基的设计、施工及质量检验。主要内容包括：复合地基勘察要点，复合地基计算，深层搅拌桩复合地基，高压旋喷桩复合地基，灰土挤密桩复合地基，夯实水泥土桩复合地基，石灰桩复合地基，挤密砂石桩复合地基，置换砂石桩复合地基，强夯置换墩复合地基，刚性桩复合地基，长-短桩复合地基，桩网复合地基，复合地基检测与检测要点等。

[5]8.3.2.7《建筑地基处理技术规程》（JGJ 79-2012）

本标准适用于建筑工程地基处理的设计、施工和质量检验。规定约13类22种主要地基处理方法的适用范围、设计与施工方法及质量检验标准。

[5]8.3.2.8《软土地区岩土工程勘察规程》（JGJ 83-2011）

本规程适用于软土地区的建筑场地和地基的岩土工程勘察。主要内容包括：软土地区的岩土工程勘察基本要求，测绘调查、勘探和测试，地下水，场地和地基的地震效应，天然地基勘察，地基处理勘察，桩基工程勘察，基坑工程勘察，以及勘察成果报告等。

[5]8.3.2.9《建筑桩基技术规范》（JGJ 94-2008）

本规范适用于工业与民用建筑（包括构筑物）桩基的设计与施工。主要内容包括：桩基构造，桩基计算，灌注桩、预制桩和钢桩的施工，承台设计与施工，桩基工程质量检查及验收。由现行《建筑桩基技术规范》（JGJ 94-94）与《钢筋混凝土承台设计规程》（CECS88：97）合并而成。

[5]8.3.2.10《冻土地区建筑地基基础设计规程》（JGJ 118-2011）

本标准适用于冻土地区建筑地基基础的设计。规定了永久冻土和季节性冻土两种建筑地基基础的设计原则和方法。

[5]8.3.2.11《建筑基坑支护技术规程》（JGJ 120-2012）

本标准适用于深基坑的开挖与支护的设计与施工。主要内容包括排桩、地下连续墙、水泥土墙、土钉墙、逆作拱墙的设计计算，构造要求，施工要点和地下水控制。

[5]8.3.2.12《载体桩设计规程》（JGJ 135-2007）

本标准适用于工业与民用建筑和构筑物的载体桩设计。主要技术内容包括载体桩设计的基本规定，载体桩基的计算，承台（梁）设计和载体桩基工程质量检查与检测。

[5]8.3.2.13 《湿陷性黄土地区建筑基坑工程安全技术规程》（JGJ 167-2009）

本标准适用于湿陷性黄土地区建筑基坑工程的勘察、设计、施工、检测、监测与安全技术管理。主要内容包括：基坑工程基本规定，基坑工程勘察，坡率法，土钉墙，水泥土墙，排桩，降水与土方工程，基槽工程，环境保护与监测，基坑工程验收，基坑工程的安全使用与维护。

[5]8.3.2.14 《刚-柔性桩复合地基技术规程》（JGJ/T 210-2010）

本标准适用于建筑与市政工程刚-柔性桩复合地基的设计、施工及质量检测。主要内容包括刚-柔性桩复合地基的基本规定、设计、施工和质量检测，本规程还具体规定了不同桩型刚性桩的适用条件，定义了单桩承载力特征值、地基承载力特征值、复合土层压缩量等指标。

[5]8.3.2.15 《现浇混凝土大直径管桩复合地基技术规程》（JGJ/T 213-2010）

本规程适用于建筑、市政工程（公路、铁路、及港口等工程）软土地基处理中桩径为1 000～1 250 mm 的现浇混凝土大直径管桩复合地基的设计、施工和质量检验。主要内容包括现浇混凝土大直径管桩复合地基的设计、施工、质量检查及工程验收标准等。

[5]8.3.2.16 《大直径扩底灌注桩技术规程》（JGJ/T 225-2010）

本标准适用于各类建筑工程的大直径扩底灌注桩的勘察、设计、施工及质量检验。主要技术内容包括大直径扩底灌注桩的基本规定、设计基本资料与勘察要求、基本构造、设计计算、施工要点、质量检查及验收等。

[5]8.3.2.17 《成都地区基坑工程安全技术规范》（DBJ 51/T5072-2011）

本规范适用于成都市行政区域内建筑基坑工程的勘察、设计、施工、检测、监测、安全控制和周边保护。主要内容包括：建筑基坑工程的基本规定，基坑勘察与环境评估，基坑支护结构设计，基坑开挖与支护结构施工，地下水控制设计与施工，基坑支护结构质量检测，基坑工程监测、周边保护与加固处理，基坑工程安全与移交等。

[5]8.3.3 市政结构设计专用标准

[5]8.3.3.1 《混凝土和钢筋混凝土排水管》（GB/T 11836-2009）

本标准适用于采用离心、悬辊、芯模振动、立式挤压及其他方法成型的混凝土和钢筋混凝土排水管。本标准适用于雨水、污水、引水及农田排灌等重力流管道的管子。生产其他用途（如需要特殊防腐）的混凝土和钢筋混凝土排水管，由供需双方协商，可参照本标准执行。按本标准生产的管子适用于开槽施工、顶进施工及其他施工方法。本标准规定了混凝土和钢筋混凝土排水管的分类，原材料，要求，试验方法，检验规则，标志、包装、运输、贮存，以及产品出厂证明书等内容。

[5]8.3.3.2《地下工程防水技术规范》（GB 50108-2008）

本规范适用于工业与民用建筑地下工程、防护工程、市政隧道、山岭及水底隧道、地下铁道、公路隧道等地下工程防水的设计和施工。主要内容包括：地下工程防水设计，地下工程混凝土结构主体防水，地下工程混凝土结构细部构造防水，地下工程排水，注浆防水，特殊施工法的结构防水，地下工程渗漏水治理，以及其他规定等。

[5]8.3.3.3《高耸结构设计规范》（GB 50135-2006）

本规范适用于高耸结构的设计、施工。本规范规定了高耸结构的内力分析、设计原则、设计方法、构造措施及施工要求。由标准 GBJ135 修订而成。

[5]8.3.3.4《输气管道工程设计规范》（GB 50251-2003）

本标准适用于陆上输气管道工程设计。主要内容包括：输气管道工程设计的基本原则，输气工艺，线路，管道和管道附件的结构设计，输气，地下储气库地面设施，监控与系统调度，辅助生产设施，焊接与检验清管与试压、干燥，节能环保和劳动安全卫生。

[5]8.3.3.5《混凝土结构耐久性设计规范》（GB/T 50476-2008）

本规范适用于处于恶劣环境中混凝土结构的耐久性设计。本标准按不同的环境类别及设计使用年限，对各类混凝土结构材料的力学、化学性能提出要求，对附加构造或保护措施以及施工质量控制、使用维护等作出规定。

[5]8.3.3.6《钢结构焊接规范》（GB 50661-2011）

本规范适用于工业与民用钢结构工程中承受静荷载或动荷载、钢材厚度大于或等于3 mm 的结构的焊接。本规范适用的焊接方法包括焊条电弧焊、气体保护电弧焊、自保护电弧焊、埋弧焊、电渣焊、气电立焊、栓钉焊及其组合。本规范以建筑钢结构焊接规范为基础，主要内容包括：钢结构焊接的基本规定，材料，焊接连接构造设计，焊接工艺评定，焊接工艺，焊接检验，焊接补强与加固等。

[5]8.3.3.7《城市综合管廊工程技术规范》（GB 50838-2012）

本标准适用于城市地下综合管廊的规划、设计、管理活动。主要内容包括城市地下管线综合管廊系统的规划、设计、附属设施工程设计、管线技术设计以及综合管廊的运营管理。

[5]8.3.3.8《空间网格结构技术规程》（JGJ 7-2010）

本标准适用于金属网架、网壳结构。在钢及薄壁型钢结构设计规范的基础上，标准对网架、网壳的原材料、设计方法、构件部件、节点连接构造及施工方法提供了技术依据。

由标准 JGJ7 修订而成。

[5]8.3.3.9《轻骨料混凝土结构设计规程》（JGJ 12-2006）

本标准适用于采用轻骨料（陶粒、煤矸石、浮石等）配制的混凝土结构。在混凝土结构设计规范的基础上，本标准对采用各种轻骨料的混凝土结构特殊的原材料要求、设计和施工方法作出规定。由标准 JGJ12 修订而成。

[5]8.3.3.10《钢筋混凝土薄壳结构设计规程》（JGJ 22-2012）

本标准适用于混凝土薄壳结构。在混凝土结构设计规范的基础上，本标准对混凝土薄壳结构特殊的设计计算、构造要求和施工方法作出规定。由标准 JGJ22 修订而成。

[5]8.3.3.11《预应力钢筋用锚具、夹具和连接器应用技术规程》（JGJ 85-2010）

本标准适用于建筑工程预应力工程的施工，主要内容为预应力锚夹具、预应力张拉等的施工技术和操作工艺及质量控制。

[5]8.3.3.12《无粘结预应力混凝土结构技术规程》（JGJ/T 92-2004）

本标准适用于采用无粘结预应力钢绞线的预应力混凝土结构。在混凝土结构设计规范的基础上，本标准对无粘结预应力混凝土结构的特殊原材料、设计方法及施工要求作出规定。由标准 JGJ92 修订而成。

[5]8.3.3.13《钢筋焊接网混凝土结构技术规程》（JGJ 114-97）

本标准适用于钢筋焊接网在混凝土结构中的应用。标准对各类细直径钢筋焊接网片的材料性能及其在混凝土结构中的应用及具有特色的设计、施工方法及构造措施作出规定。由标准 JGJ114 修订而成。

[5]8.3.3.14《混凝土结构后锚固技术规程》（JGJ 145-2004）

本标准适用于被连接件以普通混凝土为基材的后锚固连接的设计、施工及验收；不适用于以砌体或轻混凝土为基材的锚固。本规程规定了混凝土结构后锚固连接的材料、设计基本规定、锚固连接内力分析、承载能力极限状态计算、锚固抗震设计、构造措施、锚固施工与验收及锚固承载力现场检验方法方面的技术内容。

[5]8.3.3.15《建筑钢结构防腐蚀技术规程》（JGJ/T 251-2011）

本标准适用于钢结构的防腐蚀设计与施工。根据钢结构所处的环境等级，提出了对钢材性能、涂覆材料、施工方法、维护措施等的技术要求，以保证钢结构的耐久性。

[5]8.3.3.16《轻型钢丝网架聚苯板混凝土构件应用技术规程》（JGJ/T 269-2012）

本标准适用于抗震设防烈度 8 度及以下、建筑高度 10 m 及以下、层数 3 层及以下的房屋承重墙体构件和楼板（屋面板）构件的设计和施工，也适用于一般工业和民用建筑的非承重墙体构件应用，不适用于长期处于潮湿或有腐蚀介质环境的构件应用。本规程规定了轻型钢丝网架聚苯板混凝土构件的设计、施工和验收的要求。

[5]8.3.3.17《混凝土结构抗热设计规程》（YS 12-79）

本标准适用于处于高温条件下的混凝土结构的设计。在混凝土结构设计规范的基础上，对处于高温环境下的混凝土结构的材料选择、承载力和使用状态设计及构造的特殊要求作出规定。由标准 YS12 修订而成。

[5]8.3.3.18《室外排水用高密度聚乙烯检查井工程技术规程》（DB51/T 5041-2007）

本标准适用于新建、扩建和改建的室外排水管道工程的设计、施工和验收，适用于埋设在一般地质条件下或酸、碱性等腐蚀性土壤中，高密度聚乙烯缠绕结构壁管材的公称直径范围为 DN500 mm～DN2500 mm。主要内容包括管材与管套、设计、施工以及管道工程的竣工验收。

[5]8.3.3.19《建筑地下结构抗浮锚杆技术规程》

在编四川省工程建设地方标准。

[5]8.3.3.20《混凝土楼盖结构抗微振设计规程》

待编四川省工程建设地方标准。本标准适用于有抗微振要求的混凝土结构。在混凝土结构设计规范的基础上，对有抗微振要求的混凝土楼盖结构的特殊设计要求作出规定。

[5]8.3.4 建筑工程质量与安全专用标准

[5]8.3.4.1《喷灌工程技术规范》（GB/T 50085-2007）

本规范适用于新建、扩建和改建的农业、林业、牧业及园林绿地等喷灌工程的设计、施工、安装及验收。主要内容包括：喷灌工程总体设计，喷灌技术参数，管道水力计算，设备选择，工程设施，工程施工，设备安装，管道水压试验以及工程验收等。

[5]8.3.4.2《土工合成材料应用技术规范》（GB 50290-98）

本规范适用于水利、铁路、公路、水运、建筑等工程中应用土工合成材料的设计、施工及验收。主要内容包括土工合成材料的基本规定以及在反滤及排水、防渗、加筋、防护设计中的技术要求。

[5]8.3.4.3《水泥基灌浆材料应用技术规范》（GB/T 50448-2008）

本规范适用于水泥基灌浆材料应用的检验与验收，灌浆工程的设计、施工、质量控制与工程验收。主要内容包括：基本规定，材料，进场复验，工程设计，施工以及工程验收。

[5]8.3.4.4《大体积混凝土施工规范》（GB 50496-2009）

本规范适用于工业与民用建筑混凝土结构工程中大体积混凝土工程的施工。不适用于碾压混凝土和水工大体积混凝土工程的施工。主要内容包括：基本规定，原材料、配合比、制备及运输，混凝土施工，温控施工的现场监测。

[5]8.3.4.5《预防混凝土碱骨料反应技术规范》（GB/T 50733-2011）

本规范适用于建设工程中混凝土碱骨料反应的预防。主要内容包括：基本规定，骨料碱活性的检验，抑制骨料碱活性有效性检验，预防混凝土碱骨料反应的技术措施，质量检验与验收。

[5]8.3.4.6《清水混凝土应用技术规程》（JGJ 169-2009）

本标准适用于表面有清水混凝土外观效果要求的混凝土工程的设计、施工与质量验收，清水混凝土工程应进行饰面效果设计和构造设计，并应编制施工组织管理文件。主要内容包括：基本规定，工程设计，施工准备，模板工程，钢筋工程，混凝土工程，混凝土表面处理，模板、钢筋、混凝土的成品保护与质量验收。

[5]8.3.4.7《补偿收缩混凝土应用技术规程》（JGJ/T 178-2009）

本标准适用于补偿收缩混凝土的设计、施工及验收。主要内容包括：基本规定，设计原则，原材料选择，配合比，生产和运输，浇筑和养护，施工缝、防水节点和施工缺陷的处理措施，验收等。

[5]8.3.4.8《建筑工程水泥-水玻璃双液注浆技术规程》（JGJ/T 211-2010）

本标准适用于以水泥-水玻璃（C-S）为注浆浆液，实施软弱地层加固、注浆堵水防渗、既有建筑物地基补强等建筑工程的设计、施工和验收。主要内容包括：基本规定，软弱地层注浆加固，注浆堵水防渗，既有建筑物基础及地下结构补强，竣工资料和工程验收等。

[5]8.3.4.9《纤维混凝土应用技术规程》（JGJ/T 221-2010）

本标准适用于纤维在混凝土中应用的技术规程，其主要内容为钢纤维和合成纤维的技术指标、纤维混凝土设计与施工的有关技术规定。把《钢纤维混凝土试验方法》（CECS13：2009）和《纤维混凝土结构设计与施工规程》（CECS38：2004）合并在本标准中。

[5]8.3.4.10《混凝土外加剂应用技术规范》

待编四川省工程建设地方标准。本标准适用于普通减水剂、高效减水剂、引气剂及引气减水剂、缓凝剂及缓凝减水剂、早强剂及早强减水剂、防冻剂和膨胀剂等在混凝土工程中的应用。本标准规定了水泥混凝土外加剂的定义、分类、命名与术语，外加剂的要求、试验方法、检验规则、包装、出厂、贮存及退货等，具体包括普通减水剂及高效减水剂、引气剂及引气减水剂、缓凝剂及缓凝减水剂、早强剂及早强减水剂、防冻剂和膨胀剂等。由标准 GB 50119-2003、GB/T 8075-2005、GB 8076-2008 合并修订而成。

[5]8.3.4.11《市政工程清水混凝土施工技术规程》

待编四川省工程建设地方标准。本标准适用于市政工程清水混凝土结构施工质量控制与验收，工业与民用建筑工程清水混凝土结构可参考本规程执行。主要内容包括：材料选择，混凝土配合比设计，施工工艺，混凝土成品修补、保护与喷涂，质量验收等。

[5]8.3.5 建筑维护加固与市政专业专用标准

[5]8.3.5.1 《建筑基坑工程监测技术规范》（GB 50497-2009）

本规范适用于一般土及软土建筑基坑工程监测，不适用于岩石建筑基坑工程以及冻土、膨胀土、湿陷性黄土等特殊土和侵蚀性环境的建筑基坑工程监测。主要内容包括：术语，基本规定，监测项目，监测点布置，监测方法及精度要求，监测频率，监测报警，数据处理与信息反馈。

[5]8.3.5.2 《建筑变形测量规范》（JGJ 8-2007）

本规范适用于工业与民用建筑的地基、基础、上部结构及场地的沉降测量、位移测量和特殊变形测量。主要内容包括：术语、符号和代号，基本规定，变形控制测量，沉降观测，位移观测，特殊变形观测，数据处理分析，成果整理与质量检查验收等。

[5]8.3.5.3 《既有建筑地基基础加固技术规范》（JGJ 123-2012）

本规范适用于既有建筑因勘察、设计、施工或使用不当，增加荷载、纠倾、移位、改建、古建筑保护，遭受邻近新建建筑、深基坑开挖、新建地下工程或自然灾害的影响等而需对其地基和基础进行加固的设计和施工。主要内容包括：基本规定，地基基础鉴定，地基基础计算，增层改造，纠倾加固，移位加固，托换加固，事故预防与补救，加固方法，检验与监测。

[5]8.3.5.4 《混凝土结构耐久性修复与防护技术规程》（JGJ/T 259-2012）

本标准适用于既有混凝土结构耐久性修复与防护工程的设计、施工及验收，不适用于轻骨料混凝土及特种混凝土结构。主要内容包括：基本规定，钢筋锈蚀修复，延缓碱骨料反应措施及其防护，冻融损伤修复，裂缝修补，混凝土表面修复与防护等。

[5]8.3.5.5 《建筑物倾斜纠偏技术规程》（JGJ 270-2012）

本标准适用于建筑物（含构筑物）纠偏工程的检测鉴定、设计、施工、监测和验收。主要内容包括：基本规定，检测鉴定，纠偏设计，纠偏施工，监测，工程验收。

2.9 电气专业标准体系

2.9.1 综 述

随着电气技术的不断进步，人们的生活越来越离不开电气。电在生活中扮演的角色和所占生活工作的比例也是越来越大。电气技术的发展在很大程度上代表着一个国家和一个企业的兴衰成败。电气的发展是从19世纪开始的，至今已经历了200多年。电气技术也在这些时间里面不断地发展和进步着。

2.9.1.1 国内外电气行业技术发展简况

电能开发和应用技术（电气技术）服务人类生产和生活只有约200的历史。在19世纪和20世纪交替的约20年内，电气技术的发展可谓突飞猛进，电气技术的创新层出不穷，各种发电、输电、配电和用电设备在天才的发明家手中不断涌现，电气技术深入到人类改造、征服和利用自然的活动中，在人类经济活动的各个领域发挥日益显著的作用。进入21世纪的几年来，电气技术服务人类发展的能力已远非100年前可比。在当今时代，人类再次把眼光投向电气技术，意欲让她承担起带领人类走出经济危机和环境困境的先锋，为此电气技术的创新再次成为人类创新的焦点，以节电、可再生能源发电、智能电网等为代表的电气技术创新成就正在引领人类走向更高的文明境界。

电气技术随着电能的应用而日趋成熟，电能易于转化成机械能、热和光，又是信息的重要载体，并且便于远距离输送和分配。这样的优良特性使得电能由最初用于电照明、电报、电话，扩展到电镀、电动力以至工业生产的各部门，并迅速进入人类经济生活的各个领域。

在电气设备走入千家万户的同时，也走进了各厂矿企业。从19世纪80年代开始，电力驱动逐渐进入交通运输部门。1879年西门子和哈尔斯克在柏林工业博览会上展出了第一条小型电车轨道，到1899年、1900年、1902年，伦敦、巴黎、柏林先后建成了第一条电气化地下铁道。1912年，瑞士第一批电力牵引火车开始行驶。除城市电车外，1887年、

1908 年首次出现了电动矿用机车和电动运输车。1894 年，美国的一家棉花加工厂首先实现了电气化，其供电系统全部用交流电。20 世纪初，所有新建工厂都使用电动机为动力。1899-1909 年的这 10 年时间是实现工业电气化的重大转折点。10 年间电动机产量增长了 216%，而工业用电动机却猛增了 584%。同时，交流电动机成了工业电动机中的主力。1899 年仅有 1/5 的工业电动机是交流机，到 1909 年交流机已超过了一半。将电能转化为各种机械能的功臣非"电动机"莫属，正因为有了电动机，才使我们的生活发生了翻天覆地的变化。

照明技术和动力技术的发展及普及对强大电源提出了新的需求，正是由于电能的广泛应用促进了发电和输变电以及电源技术的发展。从 1875 年建成第一座发电厂至今只有 130 多年的历史，从 1832 年制成第一台发电机至今也仅有 170 多年。在此期间，电力技术和电力生产取得了历史性的重要成就：发电机组容量和电厂规模从小到大，技术参数和自动化水平不断提高；发电能源由单一向着多样化；输电电压等级不断提高，输电距离不断延长；从孤立供电发展到联合为电网，电网的规模日益扩大。

电气技术的创新和应用从 19 世纪末期开始在美国和欧洲等地区进入大规模应用阶段，随后慢慢发展到全球各地。近一个多世纪来，电气技术的应用和创新水平一直是一个国家先进程序的重要标志。1894 年，美国借电气技术革命的重大机遇代替英国，成为全球第一大经济体，并在到目前为止的一个多世纪里成为全球电气技术应用的第一大国。而欧洲在至今为止的岁月里一直保持着全球最大的电气技术供应地区，也是全球最领先的电气技术创新地区。

在 20 世纪和 21 世纪交替的 20 多年里，随着全球经济的重新调整，以金砖四国为代表的发展中国家在全球经济份额中的比重快速上升。他们电气技术应用的规模在全球占据了日益重要的地位，同时也成为电气技术创新的重要国度。如中国早在 20 世纪 90 年代就成为全球第二大电气技术应用市场，并将在最近几年内成为全球最大的电气技术应用国家。中国在电气技术的创新上也已走在全球的前列，超高压输电技术已位居全球最前列。

随着欧洲、美国和日本经济发展的放缓和电气化应用的日趋成熟，对电气新技术的应用规模增长乏力，而以金砖四国为代表的发展中国家经济的快速发展对电能的需求快速增加，推动了电气技术的加速应用，而技术的创新是紧跟技术的最新应用市场的，因此这些国家往往成为全球重要的电气技术创新地区。随着经济全球化和一体化的加速，发展中国家市场成为发达国家电气技术供应商在全球日益重要的创新场所。电气技术创新和应用在发达国家和发展中国家的这种转换速度是快速的。

电灯、电话、电视、电脑这些生活中随处可见且越来越必不可少的小东西根本离不开电；电线、电器、电机这些支持着各个生产车间、厂矿企业生产节奏的电气设备都直接发源于电；离我们很远的水电站、火电厂、电力网在左右着人类生活的电力设施是便利生产、生活的力量源泉。当前，无论是城市还是乡村，无论是工业、商业还是农业，无论是发达国家还是发展中国家，无一能离开电而顺畅运行，电气化已成为人类文明程度的核心标志。

2.9.1.2　电气行业建设标准的发展历史及现状

新中国成立以来，政府对工程建设标准化工作非常重视，1962 年国务院发布了《工农业产品和工程建设技术标准管理办法》，同时原国家计委、原国家建委以及原水电部等有关部委分别发布了一系列规范性文件，初步形成了工程建设标准化管理制度，发布了 23 项国家标准和 71 项部标准。

十一届三中全会以后，经济建设是我国工作的重点，标准化工作受到党中央和国务院的高度重视。1979 年 7 月 31 日，国务院颁布了《中华人民共和国标准化管理条例》，明确了标准化在我国社会主义建设中的地位和作用，标准化管理机构和队伍及其任务。据此，原国家建委于 1980 年 1 月颁布了《工程建设标准规范管理办法》，形成了电力工程建设标准化管理制度。1988 年 12 月 29 日，第七届全国人大常委会第五次会议通过了《中华人民共和国标准化法》，并于 1989 年 4 月 1 日起施行，随后国务院于 1990 年 4 月 6 日发布施行《中华人民共和国标准化法实施条例》，标志着我国标准化工作进入了法制化管理的轨道。为实施《中华人民共和国标准化法》和《中华人民共和国标准化法实施条例》，建设部 1990 年以来相继颁布了《工程建设国家标准管理办法》《工程建设行业标准管理办法》等文件，使工程建设标准化工作有序开展。

80 年代末编制的《建筑设计防火规范》（GB J16-87）；90 年代的《民用建筑照明设计标准》（GBJ 133-90），《民用建筑电气设计规范》（JGJ/16-92），《工业企业照明设计标准》（GB 50034-92），《高层民用建筑设计防火规范》（GB 50045-95），《供配电系统设计规范》（GB 50052-95），《10 kV 及以下变电所设计规范》（GB 50053-94），《低压配电设计规范》（GB 50054-95），《通用用电设备配电设计规范》（GB 50055-93），《建筑物防雷设计规范》（GB 50057-94）等，为电气专业设计提供了可遵循的依据，也为电气走向规范化迈出了坚实的一步。

目前由中国电力企业联合会负责电力标准化管理工作，电力工程建设国家标准由国家建设部批准发布，电力工程建设行业标准由国家发展和改革委员会发布，并报国家建设部备案。

2.9.2 电气专业标准体系框图

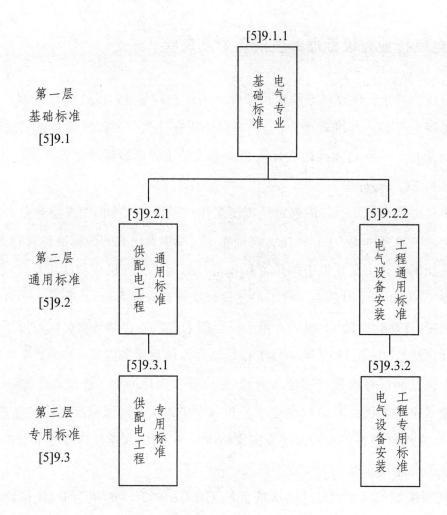

第一层
基础标准
[5]9.1

[5]9.1.1
电气专业
基础标准

第二层
通用标准
[5]9.2

[5]9.2.1
供配电工程
通用标准

[5]9.2.2
工程电气设备安装
通用标准

第三层
专用标准
[5]9.3

[5]9.3.1
供配电工程
专用标准

[5]9.3.2
工程电气设备安装
专用标准

2.9.3 电气专业标准体系表

体系编号	标准名称	标准编号	现行	在编	待编	备注
[5]9.1	**基础标准**					
[5]9.1.1.1	电力工程基本术语标准	GB/T 50297-2006	√			
[5]9.1.1.2	建筑电气制图标准	GB/T 50786-2012	√			
[5]9.1.1.3	建筑照明术语标准	JGJ/T 119-2008	√			
[5]9.1.1.4	电力工程制图标准	DL 5028-1993	√			
[5]9.2	**通用标准**					
[5]9.2.1	**供配电工程通用标准**					
[5]9.2.1.1	外壳防护等级（IP代码）	GB 4208-2008	√			
[5]9.2.1.2	电能质量 公用电网谐波	GB/T 14549-1993	√			
[5]9.2.1.3	建设工程施工现场供用电安全规范	GB 50194-1993	√			
[5]9.2.1.4	安全防范工程技术规范	GB 50348-2004	√			
[5]9.2.1.5	城市规划基础资料搜集规范	GB/T 50831-2012	√			
[5]9.2.2	**电气设备安装工程通用标准**					
[5]9.2.2.1	建筑工程施工质量验收统一标准	GB 50300-2001	√			
[5]9.2.2.2	建筑电气工程施工质量验收规范	GB 50303-2002	√			
[5]9.3	**专用标准**					
[5]9.3.1	**供配电工程专用标准**					
[5]9.3.1.1	特殊环境条件高原用低压电器技术要求	GB/T 20645-2006	√			
[5]9.3.1.2	建筑照明设计标准	GB 50034-2013	√			
[5]9.3.1.3	供配电系统设计规范	GB 50052-2009	√			
[5]9.3.1.4	10 kV及以下变电所设计规范	GB 50053-94	√			
[5]9.3.1.5	低压配电设计规范	GB 50054-2011	√			

体系编号	标准名称	标准编号	编制出版状况			备注
			现行	在编	待编	
[5]9.3.1.6	通用用电设备配电设计规范	GB 50055-2011	√			
[5]9.3.1.7	电热设备电力装置设计规范	GB 50056-93	√			
[5]9.3.1.8	建筑物防雷设计规范	GB 50057-2010	√			
[5]9.3.1.9	爆炸和火灾危险环境电力装置设计规范	GB 50058-92	√			
[5]9.3.1.10	35～110 kV 变电所设计规范	GB 50059-2011	√			
[5]9.3.1.11	3～110 kV 高压配电装置设计规范	GB 50060-2008	√			
[5]9.3.1.12	66 kV 及以下架空电力线路设计规范	GB 50061-2010	√			
[5]9.3.1.13	电力装置的继电保护和自动装置设计规范	GB 50062-2008	√			
[5]9.3.1.14	电力装置的电气测量仪表装置设计规范	GB 50063-2008	√			
[5]9.3.1.15	交流电气装置的接地设计规范	GB/T 50065-2011	√			
[5]9.3.1.16	火灾自动报警系统设计规范	GB 50116-2013	√			
[5]9.3.1.17	电力工程电缆设计规范	GB 50217-2007	√			
[5]9.3.1.18	并联电容器装置设计规范	GB 50227-2008	√			
[5]9.3.1.19	火力发电厂与变电站设计防火规范	GB 50229-2006	√			
[5]9.3.1.20	电力设施抗震设计规范	GB 50260-2013	√			
[5]9.3.1.21	城市电力规划规范	GB 50293-1999	√			
[5]9.3.1.22	通信管道与通道工程设计规范	GB 50373-2006	√			
[5]9.3.1.23	工业企业电气设备抗震设计规范	GB 50556-2010	√			
[5]9.3.1.24	住宅区和住宅建筑内通信设施工程设计规范	GB/T 50605-2010	√			
[5]9.3.1.25	城市配电网规划设计规范	GB 50613-2010	√			
[5]9.3.1.26	埋地钢质管道交流干扰防护技术标准	GB/T 50698-2011	√			
[5]9.3.1.27	电力系统安全自动装置设计规范	GB/T 50703-2011	√			
[5]9.3.1.28	城市通信工程规划规范	GB/T 50853-2013	√			
[5]9.3.1.29	工业与民用电力装置的过电压保护设计规范	GBJ 64-1983	√			

体系编号	标准名称	标准编号	编制出版状况			备注
			现行	在编	待编	
[5]9.3.1.30	城市道路照明设计标准	CJJ 45-2006	√			
[5]9.3.1.31	城镇排水系统电气与自动化工程技术规程	CJJ 120-2008	√			
[5]9.3.1.32	民用建筑电气设计规范	JGJ 16-2008	√			
[5]9.3.1.33	施工现场临时用电安全技术规范	JGJ 46-2005	√			
[5]9.3.1.34	城市夜景照明设计规范	JGJ/T163-2008	√			
[5]9.3.1.35	矿物绝缘电缆敷设技术规程	JGJ 232-2011	√			
[5]9.3.1.36	住宅建筑电气设计规范	JGJ 242-2011	√			
[5]9.3.1.37	交通建筑电气设计规范	JGJ 243-2011	√			
[5]9.3.1.38	城市电力电缆线路设计技术规定	DL/T 5221-2005	√			
[5]9.3.1.39	公路隧道交通工程设计规范	JTG/T D71-2004	√			
[5]9.3.1.40	公路隧道通风照明设计规范	JTJ 026.1-1999	√			
[5]9.3.1.41	电气火灾监控系统设计施工及验收规范	DB51/1418-2012	√			
[5]9.3.2	**电气设备安装工程专用标准**					
[5]9.3.2.1	电气装置安装工程高压电气施工及验收规范	GB 50147-2010	√			
[5]9.3.2.2	电气装置安装工程电力变压器、油浸电抗器、互感器施工及验收规范	GB 50148-2010	√			
[5]9.3.2.3	电气装置安装工程母线装置施工及验收规范	GB 50149-2010	√			
[5]9.3.2.4	电气装置安装工程电气设备交接试验标准	GB 50150-2006	√			
[5]9.3.2.5	火灾自动报警系统施工及验收规范	GB 50166-2007	√			
[5]9.3.2.6	电气装置安装工程电缆线路施工及验收规范	GB 50168-2006	√			
[5]9.3.2.7	电气装置安装工程接地装置施工及验收规范	GB 50169-2006	√			
[5]9.3.2.8	电气装置安装工程旋转电机施工及验收规范	GB 50170-2006	√			
[5]9.3.2.9	电气装置安装工程盘、柜及二次回路结线施工及验收规范	GB 50171-2012	√			
[5]9.3.2.10	电气装置安装工程蓄电池施工及验收规范	GB 50172-2012	√			

体系编号	标准名称	标准编号	编制出版状况			备注
			现行	在编	待编	
[5]9.3.2.11	电气装置安装工程 35 kV 及以下架空电力线路施工及验收规范	GB 50173-92	√			
[5]9.3.2.12	电气装置安装工程低压电器施工及验收规范	GB 50254-96	√			
[5]9.3.2.13	电气装置安装工程电力变流设备施工及验收规范	GB 50255-96	√			
[5]9.3.2.14	电气装置安装工程起重机电气装置施工及验收规范	GB 50256-96	√			
[5]9.3.2.15	电气装置安装工程爆炸和火灾危险环境电气装置施工及验收规范	GB 50257-96	√			
[5]9.3.2.16	通信管道工程施工及验收规范	GB 50374-2006	√			
[5]9.3.2.17	1 kV 及以下配线工程施工与验收规范	GB 50575-2010	√			
[5]9.3.2.18	建筑物防雷工程施工与质量验收规范	GB 50601-2010	√			
[5]9.3.2.19	建筑电气照明装置施工与验收规范	GB 50617-2010	√			
[5]9.3.2.20	住宅区和住宅建筑内通信设施工程验收规范	GB/T 50624-2010	√			
[5]9.3.2.21	城市道路照明工程施工及验收规程	CJJ 89-2012	√			

2.9.4　电气专业标准体系项目说明

[5]9.1　基础标准

[5]9.1.1.1《电力工程基本术语标准》（GB/T 50297-2006）

本标准适用于电力工程（包括火力发电工程、水力发电工程、风力发电工程和输变配电工程）及有关领域。主要内容是规定了电力工程建设的基本术语及其定义。

[5]9.1.1.2《建筑电气制图标准》（GB/T 50786-2012）

本标准适用于建筑电气专业的下列工程制图：（1）新建、改建、扩建工程的各阶段设计图、竣工图；（2）通用设计图、标准设计图。主要内容是规定了建筑电气专业的计算机制图和手工制图方式绘制的图样。

[5]9.1.1.3《建筑照明术语标准》（JGJ/T 119-2008）

本标准适用于工业与民用建筑及构筑物照明、道路照明、室外场地照明及有关领域。主要内容是规定了辐射和光、视觉和颜色，照明技术，电光源及其附件，灯具及其附件，建筑采光和日照，材料的光学特性以及照明测量的基本术语及其定义。

[5]9.1.1.4《电力工程制图标准》（DL 5028-1993）

本标准适用于下列工程制图：（1）火力发电厂、变电所和输配电线路的新建、扩建工程；（2）电力系统规划，电力调度自动化、电力系统继电保护和电力系统通信工程；（3）水力、地热、风力、核能、潮汐、蓄能、太阳能等发电电气工程。主要内容是规定了电力工程制图的基本画法。

[5]9.2　通用标准

[5]9.2.1　供配电工程通用标准

[5]9.2.1.1《外壳防护等级（IP 代码）》（GB 4208-2008）

本规范适用于额定电压不超过 72.5 kV、借助外壳防护的电气设备。主要内容是规定了电气设备外壳提供的防护等级的分级系统的基本要求。

[5]9.2.1.2《电能质量　公用电网谐波》（GB/T 14549-1993）

本标准适用于交流额定频率为 50 Hz，标称电压 110 kV 及以下的公用电网。本标准不适用于暂态现象和短时间谐波。主要内容是规定了公用电网谐波的允许值及其测试方法。

[5]9.2.1.3《建设工程施工现场供用电安全规范》（GB 50194-1993）

本规范适用于一般工业与民用建设工程，电压在 10 kV 及以下的施工现场供用电设施的设计、施工、运行、维护及拆除。但不适用于水下、井下和矿井等工程。主要内容是规定了电力建设工程施工现场供用电设施的设计、施工、运行、维护及拆除的基本要求。

[5]**9.2.1.4**《安全防范工程技术规范》（GB 50348-2004）

本规范适用于新建、改建、扩建的安全防范工程。通用型公共建（构）筑物（及其群体）和有特殊使用功能的高风险建（构）筑物（及其群体）的安全防范工程的建设，均应执行本规范。主要内容是包括安全防范工程设计、高风险对象的安全防范工程设计、普通风险对象的安全防范工程设计、安全防范工程施工、安全防范工程检验、安全防范工程验收等的原则和要求。

[5]**9.2.1.5**《城市规划基础资料搜集规范》（GB/T 50831-2012）

本规范适用于城市总体规划、控制性详细规划和修建性详细规划基础资料的搜集工作。主要内容包括省域城镇体系规划的基础资料搜集，城市总体规划的基础资料搜集，分区规划的基础资料搜集，控制性详细规划的基础资料搜集，基础资料搜集的步骤、方法及成果等的原则和要求。

[5]**9.2.2 电气设备安装工程通用标准**

[5]**9.2.2.1**《建筑工程施工质量验收统一标准》（GB 50300-2001）

本标准适用于建筑工程施工质量的验收，主要内容是规定了建筑工程各专业工程施工质量验收规范编制的统一准则。

[5]**9.2.2.2**《建筑电气工程施工质量验收规范》（GB 5030-2002）

本规范适用于满足建筑物预期使用功能要求的电气安装工程施工质量验收，适用电压等级为 10 kV 及以下。主要内容是规定了建筑电气工程施工质量验收的原则和要求。

[5]**9.3 专用标准**

[5]**9.3.1 供配电工程专用标准**

[5]**9.3.1.1**《特殊环境条件高原用低压电器技术要求》（GB/T 20645-2006）

本标准规定了高原环境下低压电器共有的补充技术要求，包括定义、电器的有关资料、结构和性能要求、特性、试验方法等，适用于安装在海拔 2 000～5 000 m 的低压电器，该电器用于连接额定电压交流不超过 1 000 V 或直流不超过 1 500 V 的电路。

[5]**9.3.1.2**《建筑照明设计标准》（GB 50034-2013）

本标准适用于新建、改建和扩建的居住、公共和工业建筑的照明设计。主要内容是规定了居住、公共和工业建筑的照明标准值、照明质量和照明功率密度等设计的原则和要求。

[5]9.3.1.3 《供配电系统设计规范》（GB 50052-2009）

本规范适用于新建、扩建和改建工程的用户端供配电系统的设计。主要内容是规定了负荷等级及供电要求、电源及供电系统、电压选择和电能质量、无功补偿、低压配电等设计的原则和要求。

[5]9.3.1.4 《10 kV 及以下变电所设计规范》（GB 50053-94）

本规范适用于交流电压 10 kV 及以下新建、扩建或改建工程的变电所设计。主要内容是规定了 10 kV 及以下变电所设计的原则和要求。

[5]9.3.1.5 《低压配电设计规范》（GB 50054-2011）

本规范适用于新建、改建和扩建工程中交流、工频 1 000 V 及以下的低压配电设计。主要内容是规定了电器与导体的选择、配电设备的布置、电气装置的电击防护、配电线路的保护和配电线路的敷设等设计的原则和要求。

[5]9.3.1.6 《通用用电设备配电设计规范》（GB 50055-2011）

本规范适用于下列通用用电设备的配电设计：（1）额定功率大于或等于 0.55 kW 的一般用途电动机；（2）电动桥式起重机、电动梁式起重机、门式起重机和电动葫芦；胶带输送机运输线、载重大于 300 kg 的电力拖动的室内电梯和自动扶梯；（3）电弧焊机、电阻焊机和电渣焊机；（4）电镀用的直流电源设备；（5）牵引用铅酸蓄电池、起动用铅酸蓄电池、固定型阀控式密闭铅酸蓄电池和镉镍蓄电池的充电装置；（6）直流电压为 40～80 kV 的除尘、除焦油等静电滤清器的电源装置；（7）室内日用电器。主要内容是规定了通用用电设备设计的原则和要求。

[5]9.3.1.7 《电热设备电力装置设计规范》（GB 50056-93）

本规范适用于新建的电弧炉、矿热炉、感应电炉、感应加热器和电阻炉等电热装置的设计。主要内容是规定了电热设备电力装置设计的原则和要求。

[5]9.3.1.8 《建筑物防雷设计规范》（GB 50057-2010）

本规范适用于新建、扩建、改建建（构）筑物的防雷设计。主要内容是规定了建（构）筑物防雷分类、建（构）筑物的防雷措施、防雷装置、防雷击电磁脉冲等设计的原则和要求。

[5]9.3.1.9 《爆炸和火灾危险环境电力装置设计规范》（GB 50058-92）

本规范适用于在生产、加工、处理、转运或贮存过程中出现或可能出现爆炸和火灾危险环境的新建、扩建和改建工程的电力设计。规范不适用于下列环境：（1）矿井井下；（2）制造、使用或贮存火药、炸药和起爆药等的环境；（3）利用电能进行生产并与生产工艺过程直接关联的电解、电镀等电气装置区域；（4）蓄电池室；（5）使用强氧化剂以及不用外来点火源就能自行起火的物质的环境；（6）水、陆、空交通运输工具及海上油井平台。主要内容是规定了爆炸和火灾危险环境电力装置设计的原则和要求。

[5]9.3.1.10 《35～110 kV 变电所设计规范》（GB 50059-2011）

本规范适用于电压 35～110 kV、单台变压器容量 5 000 kV·A 及以上的新建变电站设计。主要内容是规定了 35～110 kV 变电站设计的一般原则和要求。

[5]9.3.1.11 《3～110 kV 高压配电装置设计规范》（GB 50060-2008）

本规范适用于新建和扩建 3～110 kV 高压配电装置工程的设计，主要内容是规定了 3～110 kV 高压配电装置设计的原则和要求。

[5]9.3.1.12 《66 kV 及以下架空电力线路设计规范》（GB 50061-2010）

本规范适用于 66 kV 及以下交流架空电力线路（简称架空电力线路）的设计。主要内容是规定了 66 kV 及以下交流架空电力线路设计的原则和要求。

[5]9.3.1.13 《电力装置的继电保护和自动装置设计规范》（GB 50062-2008）

本规范适用于 3～110 kV 电力线路和设备，单机容量为 50 MW 及以下发电机，63 MV·A 及以下电力变压器等电力装置的继电保护和自动装置的设计。主要内容是规定了发电机保护、电力变压器保护、3～66 kV 电力线路保护、110 kV 电力线路保护、母线保护、电力电容器和电抗器保护、3 kV 及以上电动机保护、自动重合闸、备用电源和备用设备的自动投入装置、自动低频低压减负荷装置、同步并列、自动调节励磁及自动灭磁、二次回路及相关设备等设计的原则和要求。

[5]9.3.1.14 《电力装置的电气测量仪表装置设计规范》（GB 50063-2008）

本规范适用于单机容量为 750～25 000 kW 的火力发电厂，单机容量为 200～10 000 kW 的水力发电厂和电压等级为 110 kV 及以下的变（配）电所新建或扩建的工程设计。主要内容规定了常用测量仪表、电能计量、二次回路、仪表安装条件等设计的原则和要求。

[5]9.3.1.15 《交流电气装置的接地设计规范》（GB/T 50065-2011）

本规范适用于交流标称电压 1～750 kV 发电、变电、送电和配电高压电气装置，以及 1 kV 及以下低压电气装置的接地设计。主要内容是规定了高压电气装置接地，发电厂和变电站的接地网，高压架空线路和电缆线路的接地，高压配电电气装置的接地，低压系统接地型式、架空线路的接地、电气装置的接地电阻和保护总等电位联结系统，低压电气装置的接地装置和保护导体等设计的原则和要求。

[5]9.3.1.16 《火灾自动报警系统设计规范》（GB 50116-2013）

本规范适用于工业与民用建筑内设置的火灾自动报警系统，不适用于生产和贮存火药、炸药、弹药、火工品等场所设置的火灾自动报警系统。主要内容是规定了系统保护对象分级及火灾探测器设置部位、报警区域和探测区域的划分、系统设计、消防控制室和消防联动控制、火灾探测器的选择、火灾探测器和手动火灾报警按钮的设置、系统供电、布线等设计的原则和要求。

[5]9.3.1.17《电力工程电缆设计规范》（GB 50217-2007）

本规范适用于新建、扩建的电力工程中 500 kV 及以下电力电缆和控制电缆的选择与敷设设计。主要内容是规定了电缆型式与截面选择、电缆附件的选择与配置、电缆敷设、电缆的支持与固定、电缆防火与阻止延燃等设计的原则和要求。

[5]9.3.1.18《并联电容器装置设计规范》（GB 50227-2008）

本规范适用于 750 kV 及以下电压等级的变电站、配电站（室）中无功补偿用三相交流高压、低压并联电容器装置的新建、扩建工程设计。主要内容是规定了接入电网基本要求，电气接线、电器和导体选择、保护装置和投切装置、控制回路、信号回路和测量仪表、布置和安装设计、防火与通风等设计的原则和要求。

[5]9.3.1.19《火力发电厂与变电站设计防火规范》（GB 50229-2006）

本规范适用于下列新建、改建和扩建的电厂和变电站：（1）3～600 MW 级机组的燃煤火力发电厂（以下简称"燃煤电厂"）；（2）燃气轮机标准额定出力 25～250 MW 级的简单循环或燃气-蒸汽联合循环电厂（以下简称为"燃机电厂"）；（3）电压为 35～500 kV、单台变压器容量为 5 000 kV·A 及以上的变电站。600 MW 级机组以上的燃煤电厂、燃气轮机标准额定出力 25 MW 级以下及 250 MW 级以上的燃机电厂、500 kV 以上变电站可参照使用。主要内容是规定了燃煤电厂建（构）筑物的火灾危险性分类、耐火等级及防火分区，燃煤电厂厂区总平面布置，燃煤电厂建（构）筑物的安全疏散和建筑构造，燃煤电厂工艺系统，燃煤电厂消防给水、灭火设施及火灾自动报警，燃煤电厂采暖、通风和空气调节，燃煤电厂消防供电及照明，燃机电厂，变电站等设计的原则和要求。

[5]9.3.1.20《电力设施抗震设计规范》（GB 50260-2013）

本规范适用于抗震设防烈度 6～9 度地区的新建、扩建、改建的下列电力设施的抗震设计：（1）单机容量为 12～1 000 MW 火力发电厂的电力设施；（2）单机容量为 10 MW 及以上水力发电厂的有关电气设施；（3）电压等级为 110～750 kV 交流输变电工程中的电力设施；（4）电压等级为±660 kV 及以下直流输变电工程中的电力设施；（5）电力通信微波塔及其基础。主要内容包括场地、选址与总体布置，电气设施地震作用，电气设施，火力发电厂和变电站的建（构）筑物，送电线路杆塔及微波塔等设计的原则和要求。

[5]9.3.1.21《城市电力规划规范》（GB 50293-1999）

本规范适用于设置城市的城市电力规划编制工作。主要内容是规定了城市电力规划编制基本要求、城市用电负荷、城市供电电源、城市电网、城市供电设施等设计的原则和要求。

[5]9.3.1.22《通信管道与通道工程设计规范》（GB 50373-2006）

本规范适用于城市新建地下通信管道与通道工程的设计。主要内容包括规划的原则，通信管道与通道路由和位置的确定，通信管道容量的确定，管材选择，通信管道埋设深度，通信管道弯曲与段长，通信管道铺设，人（手）孔设置，光（电）缆通道，光（电）缆进线室等设计的原则和要求。

[5]9.3.1.23《工业企业电气设备抗震设计规范》（GB 50556-2010）

本规范适用于设计基本地震加速度值小于或等于 0.4g（即抗震防设烈度 9 度及以下）地区，且电压为 220 kV 及以下的工业企业电气设备的抗震设计。设计基本地震加速度值大于 0.40g 地区或行业有特殊要求的工业企业电气设备，其抗震设计应按国家有关专门规定执行。主要内容包括抗震设计基本要求、变配电所电气设备布置、抗震计算、电气设备安装设计的抗震措施等设计的原则和要求。

[5]9.3.1.24《住宅区和住宅建筑内通信设施工程设计规范》（GB/T 50605-2010）

本规范使用于新建住宅区地下通信管道、住宅建筑内通信设施工程的设计，以及既有住宅建筑通信设施的改、扩建工程设计。主要内容包括住宅区通信设施设计、住宅建筑内通信设施设计、设备安装工艺要求等设计的原则和要求。

[5]9.3.1.25《城市配电网规划设计规范》（GB 50613-2010）

本规范适用于 110 kV 及以下电压等级的地级及以上城市配电网的规划、设计。主要内容包括城市配电网规划、城市配电网供电电源、城市配电网络、高压配电网、中压配电网、低压配电网、配电网二次部分、用户供电、节能与环保等设计的原则和要求。

[5]9.3.1.26《埋地钢质管道交流干扰防护技术标准》（GB/T 50698-2011）

本标准适用于管道交流干扰的调查与测量、交流干扰腐蚀防护工程的设计、施工和维护。主要内容包括基本规定，调查与测试、交流干扰防护措施、防护系统的调整及效果评价、管道安装中的干扰防护、运行与管理等设计的原则和要求。

[5]9.3.1.27《电力系统安全自动装置设计规范》（GB/T 50703-2011）

本规范适用于 35 kV 及以上电压等级的电力系统安全自动装置设计，低电压等级（10 kV 及以下）的电力系统安全自动装置设计也可执行本规范。主要内容包括电力系统安全稳定计算分析原则、安全自动装置的主要控制措施、安全自动装置的配置等设计的原则和要求。

[5]9.3.1.28《城市通信工程规划规范》（GB/T 50853-2013）

本规范适用于城市规划中的通信工程规划，城市通信专项规划编制除依据本规范基本要求外，应按有关的规定执行。主要内容包括电信用户预测、电信局站、无线通信与无线广播传输设施、有线电视用户与网络前端、通信管道、邮政通信设施等设计的原则和要求。

[5]9.3.1.29《工业与民用电力装置的过电压保护设计规范》（GBJ 64-1983）

本规范适用于工业、交通、电力、邮电、财贸、文教等各行业 35 kV 及以下电力装置的过电压保护设计。主要内容是规定了避雷针和避雷线、过电压保护装置、架空线路的保护、变电所（配电所）的保护、架空配电网的保护、旋转电机的保护、其他设备的保护等设计的原则和要求。

[5]9.3.1.30《城市道路照明设计标准》（CJJ 45-2006）

本标准适用于城市新建、扩建和改建的道路及与道路相联系的特殊场所的照明设计，不适用于隧道照明的设计。主要内容包括总则、照明标准、光源和灯具的选择、照明设计、照明供电和控制、节能措施等设计的原则和要求。

[5]9.3.1.31《城镇排水系统电气与自动化工程技术规程》（CJJ 120-2008）

本规程适用于城镇雨水与污水泵站、污水处理厂的供配电系统和自动化运行控制系统以及排水泵站群的数据采集和控制系统或区域性排水工程的中央监控系统的设计、施工、验收。主要内容包括泵站供配电、泵站自动化系统、污水处理厂供配电、污水处理厂自动化系统、排水工程的数据采集和监控系统等设计的原则和要求。

[5]9.3.1.32《民用建筑电气设计规范》（JGJ 16-2008）

本规范用于城镇新建、改建和扩建的民用建筑的电气设计，不适用于人防工程、燃气加压站、汽车加油站的电气设计。主要内容包括供配电系统，配变电所，继电保护及电气测量，自备应急电源，低压配电，配电线路布线系统，常用设备电气装置，电气照明，民用建筑物防雷，接地和特殊场所的安全防护，火灾自动报警系统，安全技术防范系统，有线电视和卫星电视接收系统，广播、扩声与会议系统，呼应信号及信息显示，建筑设备监控系统，计算机网络系统，通信网络系统，综合布线系统，电磁兼容与电磁环境卫生，电子信息设备机房，锅炉房热工检测与控制等设计的原则和要求。

[5]9.3.1.33《施工现场临时用电安全技术规范》（JGJ 46-2005）

本规范适用于新建、改建和扩建的工业与民用建筑以及市政基础设施施工现场，临时用电工程中的电源中性点直接接地的 220/380 V 三相四线制低压电力系统的设计、安装、使用、维修和拆除。主要内容包括临时用电管理、外电线路及电气设备防护、接地与防雷、配电室及自备电源、配电线路、配电箱及开关箱、电动建筑机械和手持式电动工具、照明等设计的原则和要求。

[5]9.3.1.34《城市夜景照明设计规范》（JGJ/T 163-2008）

本规范使用于城市新建、改建和扩建的建筑物、构筑物、特殊景观元素、商业步行街、广场、公园、广告与标识等景物的夜景照明设计。主要内容包括基本规定，照明评价指标、照明设计、照明节能、光污染的限制、照明供配电与安全等设计的原则和要求。

[5]9.3.1.35《矿物绝缘电缆敷设技术规程》（JGJ 232-2011）

本规程适用于额定电压为 750 V 及以下工业与民用建筑中矿物绝缘电力电缆、矿物绝缘控制电缆敷设的设计、施工及验收。主要内容包括矿物绝缘电缆敷设在设计、施工、验收等方面的原则和要求。

[5]9.3.1.36《住宅建筑电气设计规范》（JGJ 242-2011）

本标准适用于城镇新建、改建和扩建的住宅建筑的电气设计，不适用于住宅建筑附设的防空地下室工程的电气设计。主要内容包括供配电系统、配变电所、自备电源、低压配电、配电线路布线系统、常用设备电气装置、电气照明、防雷与接地、信息设施系统、信息化应用系统、建筑设备管理系统、公共安全系统、机房工程等设计的原则和要求。

[5]9.3.1.37《交通建筑电气设计规范》（JGJ 243-2011）

适用于新建、改建和扩建的以客运为主的民用机场航站楼、交通枢纽站、铁路旅客车站、城市轨道交通站、磁浮列车站、港口客运站、汽车客运站等交通建筑电气设计，不适用于飞机库、油库、机车站、行业专用货运站、汽车加油站等的电气设计。主要内容包括供配电系统，配变电所、配变电装置及电能管理，应急电源设备，低压配电及线路布线，常用设备电气装置，电气照明，建筑防雷与接地，智能化集成系统，信息设施系统，信息化应用系统，建筑设备监控系统，公共安全系统，机房工程，电磁兼容，电气节能等设计的原则和要求。

[5]9.3.1.38《城市电力电缆线路设计技术规定》（DL/T 5221-2005）

本标准主要适用于新建、扩建的电压为 10～220 kV 的城市电力电缆线路工程设计，其他电缆工程可参考本标准执行。主要内容包括总则、电缆路径、电缆敷设方式、电缆结构选择、电缆附件选择、自容式充油电缆供油系统设计、电缆金属护套或屏蔽层接地方式、电缆支架和夹具的选择、电缆隧道工艺设计、电缆防火设计等设计的原则和要求。

[5]9.3.1.39《公路隧道交通工程设计规范》（JTG/T D71-2004）

本规范适用于高速公路以及一、二级公路的新建隧道和改建隧道，三、四级公路的新建隧道和改建隧道可参考使用。主要内容包括标志标线、交通监控系统、通风及照明控制系统、紧急呼叫系统、火灾报警及防灾系统、供配电系统、中央控制管理等设计的原则和要求。

[5]9.3.1.40《公路隧道通风照明设计规范》（JTJ 026.1-1999）

本规范适用于高速公路以及一、二级公路的新建隧道和改建隧道，三、四级公路的新建隧道和改建隧道可参照执行。主要内容包括公路隧道通风、照明等设计的原则和要求。

[5]9.3.1.41《电气火灾监控系统设计施工及验收规范》(DB 51/1418-2012)

本规范适用于新建、改建和扩建的工业与民用建筑内电气火灾监控系统的设计、安装、调试、验收和维护。主要内容包括设置场所、系统设计、施工安装、系统验收、维护管理等的原则和要求。

[5]9.3.2 电气设备安装工程专用标准

[5]9.3.2.1《电气装置安装工程高压电器施工及验收规范》(GB 50147-2010)

本规范适用于交流 3～750 kV 电压等级的六氟化硫断路器、气体绝缘金属封闭开关设备（GIS）、复合电器（HGIS）、真空断路器、高压开关柜、隔离开关、负荷开关、高压熔断器、避雷器和中性点放电间隙、干式电抗器和阻波器、电容器等高压电器安装工程的施工及质量验收。主要内容包括基本规定，六氟化硫断路器，气体绝缘金属封闭开关设备，真空断路器和高压开关柜，断路器的操动机构，隔离开关、负荷开关及高压熔断器，避雷器和中性点放电间隙，干式电抗器和阻波器，电容器等施工及验收的原则和要求。

[5]9.3.2.2《电气装置安装工程电力变压器、油浸电抗器、互感器施工及验收规范》(GB 50148-2010)

本规范适用于交流 3～750 kV 电压等级电力变压器、油浸电抗器、电压互感器及电流互感器施工及验收，消弧线圈的安装可按本规范的有关规定执行。主要内容包括电力变压器、油浸电抗器、互感器等施工及验收的原则和要求。

[5]9.3.2.3《电气装置安装工程母线装置施工及验收规范》(GB 50149-2010)

本规范适用于 750 kV 及以下母线装置安装工程的施工及验收。主要内容包括母线安装、绝缘子与穿墙套管安装、工程交接验收等施工及验收的原则和要求。

[5]9.3.2.4《电气装置安装工程电气设备交接试验标准》(GB 50150-2006)

本标准适用于 500 kV 及以下电压等级新安装的、按照国家相关出厂试验标准试验合格的电气设备交接试验。本标准不适用于安装在煤矿井下或其他有爆炸危险场所的电气设备。主要内容包括同步发电机及调相机，直流电机，中频发电机，交流电动机，电力变压器，电抗器及消弧线圈，互感器，油断电路，空气及磁吹断路器，真空断路器，六氟化硫断路器，六氟化硫封闭式组合电器，隔离开关、负荷开关及高压熔断器，套管，悬式绝缘子和支柱绝缘子，电力电缆线路，电容器，绝缘油和 SF6 气体，避雷器，电除尘器，二次回路，1 kV 及以下电压等级配电装置和馈电线路，1 kV 以上架空电力线路，接地装置，低压电器等交接试验的原则和要求。

[5]**9.3.2.5**《火灾自动报警系统施工及验收规范》（GB 50166-2007）

本规范适用于工业与民用建筑设置的火灾自动报警系统的施工及验收，不适用于生产和贮存火药、炸药、弹药、火工品等有爆炸危险的场所设置的火灾自动报警系统的施工及验收。主要内容包括基本规定，系统施工、系统调试、系统的验收、系统的使用和维护等施工及验收的原则和要求。

[5]**9.3.2.6**《电气装置安装工程电缆线路施工及验收规范》（GB 50168-2006）

本规范适用于 500 kV 及以下电力电缆、控制电缆线路安装工程的施工及验收。主要内容包括电力电缆线路安装工程及附属设备和构筑物设施的施工及验收的技术要求。

[5]**9.3.2.7**《电气装置安装工程接地装置施工及验收规范》（GB 50169-2006）

本规范适用于电气装置的接地装置安装工程的施工及验收。主要内容包括电气装置的接地、工程交接验收等施工及验收的原则和要求。

[5]**9.3.2.8**《电气装置安装工程旋转电机施工及验收规范》（GB 50170-2006）

本规范适用于旋转电机中的汽轮发电机、调相机和电动机安装工程的施工及验收，不适用于水轮发电机的施工及验收。主要内容包括汽轮发电机和调相机、电动机、工程交接验收等施工及验收的原则和要求。

[5]**9.3.2.9**《电气装置安装工程盘、柜及二次回路结线施工及验收规范》（GB 50171-2012）

本规范适用于各类配电盘、保护盘、控制盘、屏、台、箱和成套柜等及其二次回路结线安装工程的施工及验收。主要内容包括基本规定，盘、柜的安装，盘、柜上的电器安装，二次回路接线，盘、柜及二次系统接地，质量验收等施工及验收的原则和要求。

[5]**9.3.2.10**《电气装置安装工程蓄电池施工及验收规范》（GB 50172-2012）

本规范适用于电压为 24 V 及以上、容量为 30 A·h 及以上的固定型铅酸蓄电池组和容量为 10 A·h 及以上的镉镍碱性蓄电池组安装工程的施工及验收。主要内容包括铅酸蓄电池组、镉镍碱性蓄电池组、端电池切换器、工程交接验收等施工及验收的原则和要求。

[5]**9.3.2.11**《电气装置安装工程 35 kV 及以下架空电力线路施工及验收规范》（GB 50173-92）

本规范适用于 35 kV 及以下架空电力线路新建工程的施工及验收。35 kV 及以下架空电力线路的大挡距及铁塔安装工程的施工及验收，应按现行国家标准《110～500 kV 架空电力线路施工及验收规范》的有关规定执行。有特殊要求的 35 kV 及以下架空电力线路安装工程，尚应符合有关专业规范的规定。主要内容包括原材料及器材检验、电杆基坑及基础埋设、电杆组立与绝缘子安装、拉线安装、导线架设、10 kV 及以下架空电力线路上的电气设备、接户线、接地工程、工程交接验收等施工及验收的原则和要求。

[5]9.3.2.12《电气装置安装工程低压电器施工及验收规范》（GB 50254-96）

本规范适用于交流 50 Hz 额定电压 1 200 V 及以下、直流额定电压为 1 500 V 及以下且在正常条件下安装和调整试验的通用低压电器。不适用于无需固定安装的家用电器、电力系统保护电器、电工仪器仪表、变送器、电子计算机系统及成套盘、柜、箱上电器的安装和验收。主要内容包括一般规定，低压断路器，低压隔离开关、刀开关、转换开关及熔断器组合电器，住宅电器、漏电保护器及消防电气设备，低压接触器及电动机起动器，控制器、继电器及行程开关，电阻器及变阻器，电磁铁，熔断器，工程交接验收等施工及验收的原则和要求。

[5]9.3.2.13《电气装置安装工程电力变流设备施工及验收规范》（GB 50255-96）

本规范适用于电力电子器件及变流变压器等组成的电力变流设备安装工程的施工、调试及验收。主要内容包括电力变流设备的冷却系统、电力变流设备的安装、电力变流设备的试验、电力变流设备的工程交接验收等施工及验收的原则和要求。

[5]9.3.2.14《电气装置安装工程起重机电气装置施工及验收规范》（GB 50256-96）

本规范适用于额定电压 0.5 kV 以下新安装的各式起重机、电动葫芦的电气装置和 3 kV 及以下滑接线安装工程的施工及验收。主要内容包括滑接线和滑接器、配线、电气设备及保护装置、工程交接验收等施工及验收的原则和要求。

[5]9.3.2.15《电气装置安装工程爆炸和火灾危险环境电气装置施工及验收规范》（GB 50257-96）

本规范适用于在生产、加工、处理、转运或贮存过程中出现或可能出现气体、蒸汽、粉尘、纤维爆炸性混合物和火灾危险物质环境的电气装置安装工程的施工及验收。本规范不适用于下列环境：（1）矿井井下；（2）制造、使用、贮存火药、炸药、起爆药等爆炸物质的环境；（3）利用电能进行生产并与生产工艺过程直接关联的电解、电镀等电气装置区域；（4）使用强氧化剂以及不用外来点火源就能自行起火的物质的环境；（5）蓄电池室；（6）水、陆、空交通运输工具及海上油、气井平台。主要内容包括防爆电气设备的安装、爆炸危险环境的电气线路、火灾危险环境的电气装置、接地、工程交接验收等施工及验收的原则和要求。

[5]9.3.2.16《通信管道工程施工及验收规范》（GB 50374-2006）

本规范是通信管道工程施工、监理、施工验收、竣工验收（包括初步验收和最终验收）、编制竣工文件等工作的技术依据。主要内容包括器材检验、铺设管道、人（手）孔建筑、工程验收等施工及验收的原则和要求。

[5]9.3.2.17《1 kV 及以下配线工程施工与验收规范》（GB 50575-2010）

本规范适用于建筑物、构筑物中 1 kV 及以下配线工程的施工及验收。主要内容包括配管、配线、工程验收等施工及验收的原则和要求。

[5]9.3.2.18《建筑物防雷工程施工与质量验收规范》（GB 50601-2010）

本规范适用于新建、改建和扩建建筑物防雷工程的施工与质量验收。主要内容包括基本规定、接地装置分项工程、引下线分项工程、接闪器分项工程、等电位连接分项工程、屏蔽分项工程、综合布线分项工程、电涌保护器分项工程和工程质量验收等施工及验收的原则和要求。

[5]9.3.2.19《建筑电气照明装置施工与验收规范》（GB 50617-2010）

本规范适用于工业与民用建筑物、构筑物中电气照明装置安装工程的施工与工程交接验收。主要内容包括基本规定，灯具，插座、开关、风扇，照明配电箱（板），通电试运行及测量，工程交接验收等施工及验收的原则和要求。

[5]9.3.2.20《住宅区和住宅建筑内通信设施工程验收规范》（GB/T 50624-2010）

本规范适用于新建住宅区和住宅建筑内光纤到户通信设施工程，以及既有住宅区和住宅建筑内光纤到户通信设施改建和扩建工程的施工及验收。主要内容包括施工前检查、管道敷设、线缆敷设与连接、设备安装、性能测试、工程验收等施工及验收的原则和要求。

[5]9.3.2.21《城市道路照明工程施工及验收规程》（CJJ 89-2012）

本规程适用于电压为 10 kV、容量在 500 kV·A 及以下城市道路照明工程的施工及验收。主要内容包括架空线路，低压电缆线路，变压器、箱式变电站，配电装置与控制，安全保护，路灯安装等施工及验收的原则和要求。

2.10 自控专业标准体系

2.10.1 综　述

　　工业过程测量和控制系统广泛应用于市政行业的各个领域，是工业生产稳定、优质、低耗、安全、环保的重要保障。"走新型工业化道路，以信息化带动工业化，以工业化促进信息化"是中央在全面总结我国工业化历史经验和深刻洞察世界经济与科技发展趋势的基础上，作出的一项重大战略决策。工业过程测量和控制系统是工业化与信息化融合的桥梁和手段。标准体系研究作为国家重要基础研究工作，是一项涉及经济、技术、管理等诸多因素的工作，其目的是为了指导开发、推荐技术、规范市场、保证质量、方便用户使用，为用户建立信心。

2.10.1.1 我国工业自动化仪表发展概况

　　我国工业自动化仪表产业在 70 年代形成了上海、西安、重庆、安徽、北京几个基地，并以系统带单表的发展战略带动了许多工程项目的实施。80 年代，我国在 DCS（又称分散控制系统）制造生产方面有了新的突破，开始打破了国外 DCS 全面占领中国市场的局面。90 年代，现场总线技术和实时以太网技术蓬勃发展，国际上流行的现场总线通信协议有 40 多种，每一种总线通信协议在研究开发的初期都是针对某几种工业领域中的工艺特点制定的，在相应的应用领域中具有比较明显的价格和技术优势。同时，工业以太网以其数字式双向通信、可互操作性、开放性和透明性的优势基本形成了广泛应用于工业自动化领域的趋势（主要是在企业管理层和控制层等中、上层），并有向下延伸直接应用于现场设备间通信的趋势，我国自主研发的 EPA 技术在取得国际标准突破的同时，逐渐应用于生产过程实践。

　　由于技术的进步和需求的多样化，自动化仪表工业已由传统的连续流程工业的自动化扩展到机械产品加工工业的工厂自动化和事务处理为特征的办公自动化，后两者近几年发展很快。在新世纪里，自动化的需求是多方面的，自动化仪表工业与各行各业进一步融合是大势所趋。

信息技术的进步推动了工业自动化仪表与控制系统的向前发展，智能化、高精度化、无线化、安全仪表系统、科学仪器的在线化是工业自动化仪表技术的发展趋势。

2.10.1.2　工业过程测量和控制系统标准体系需求

1. 工业过程测量和控制系统标准体系的范畴

工业过程测量和控制系统标准体系涵盖连续和断续工业自动化系统及其元件方面的标准化工作，在国际上对口 IEC/TC65（工业过程测量和控制）和 ISO/TC30（封闭管道中流体流量的测量），国内对口 SAC/TC124 全国工业过程测量和控制标准化技术委员会，主要内容包括：

（1）温度、流量、机械量、物位、显示仪表、执行器和结构装置；

（2）控制仪表及装置、工业控制计算机及系统；

（3）压力仪表；

（4）工业通信网络；

（5）可编程序控制器及系统；

（6）分析仪器方面，主要是物质成分、化学结构和物理特性的分析测量仪器及仪器的测量技术；

（7）智能记录仪表及其相关产品，主要是无纸记录仪及其衍生产品，如调节记录仪、积算记录仪、高速记录仪和 PC 记录仪等；

（8）石油产品的专用检测仪器设备；

（9）工业在线校准方法：主要是焓差试验台、冷量试验台（如压缩机性能试验台等）、汽车环境模拟试验室、实验室用过程信号校准器的产品标准及校准方法及空调冷量传递；

（10）化工计控仪表系统现场使用的运行维护与检修；

（11）系统及功能安全，包括工作条件（包括 EMC）、系统评估方法、功能安全、批控制等。

2. 我国技术标准体系的历史

标准体系是在一定范畴内为了确定的目的而制定的或准备制定的具有内在联系的一系列标准的集合。其作用是指导和预测本行业内标准化工作的开展。标准体系的建立和调整无疑要反映出技术的进步，反映出经济环境的变化和国家管理的要求，同时也会对相关标准体系的变化作出反应。

我国工业过程测量和控制行业的标准体系在"六五"期间开始建立，80 年代初建立了一机一标的模式，80 年代中期又调整为一机多标、一标多机的模块化积木式标准体系，这种老的标准体系已经在行业中运行了将近 20 年。从标准体系的定义上分析，制约标准体系的关键参数已经发生了根本变化，现有的体系是在完全计划经济体制下设计出来的，而当时建立体系的目标主要是为政府以行政手段管理企业、管理行业提供技术依据。比如企业升级、产品评优、评比、质量检查、等级品率统计、可靠性考核等需要以标准为依据。

随着我国加入 WTO，国家的管理方针已经发生根本变化，对企业的行政管理逐步取消，企业作为独立法人已经在法律上取得了独立自主、自负盈亏、自主经营的权利。国家对企业的管理主要通过两个渠道，一是用法律手段约束企业，二是通过市场引导企业。在这种大的机制转变的环境下，标准的制定工作已经从政府指令型向市场需求型转变，这种完全计划经济体制下设计出来的以政府行政手段管理企业、管理行业的技术依据显然已经不再适应我国市场经济的发展需要。

3. 技术标准体系的国内外现状

国际上涉及工业过程测量和控制领域标准研究的组织很多，主要有国际电工委员会第 65 技术委员会 IEC/TC65，美国国家标准化委员会的 SP50，欧洲电工委员会第 65 技术委员会 CENELEC/TC65 等。而 SP50 和 CENELEC/TC65 的工作范围和分工基本上与 IEC/TC65 相对应。IEC/TC65 采用以基础通用标准和方法标准为主的体系结构，而我国则仍然采用以产品标准为主的体系结构。IEC/TC65 的标准体系结构主要分为四个部分：一是系统方面，主要涉及系统评估方法、安全要求、环境条件、电磁兼容性和批量控制等系统整体要求；二是装置，主要涉及工业过程控制阀、变送器、模拟信号控制器、热电偶、PLC 等组成系统的部件；三是工业通信（现场总线），主要涉及可编程测量仪表接口、测量和控制数字数据通信，工业过程控制系统用现场总线；四是企业控制系统集成，主要涉及总线设备工具接口规范、企业控制和设备行规等。目前，IEC/TC65 现行国际标准 270 项，正在进行的工作项目 75 项。

国内工业过程测量和控制领域标准研究主要由 SAC/TC124 全国工业过程测量和控制标准化技术委员会承担，国内标准体系的结构和分工与国际上不完全相同，除工业通信（现场总线）方面的标准制定工作与国际完全对应以外，其他工作领域的工作范围不仅涵盖了

IEC/TC65 的工作内容（除分析仪器外），还涉及 IEC/TC66、ISO/TC30 等其他国际标准化组织的工作范围。目前，SAC/TC124 现行国家标准 243 项，行业标准 225 项，国家标准计划 296 项，行业标准计划 23 项。

4. 存在的问题

我国工业过程测量和控制系统标准体系经历了若干历史时期的发展，虽然在局部和部分领域进行过调整和协调，但是总体上仍然保留着计划经济时期的现状，主要问题体现在：标准水平偏低、标准自主技术含量不高、标准更新不及时、配套程度低、针对性不强、标准之间的技术水平不平衡、缺乏必要的协调性。

2.10.2 自控专业标准体系框图

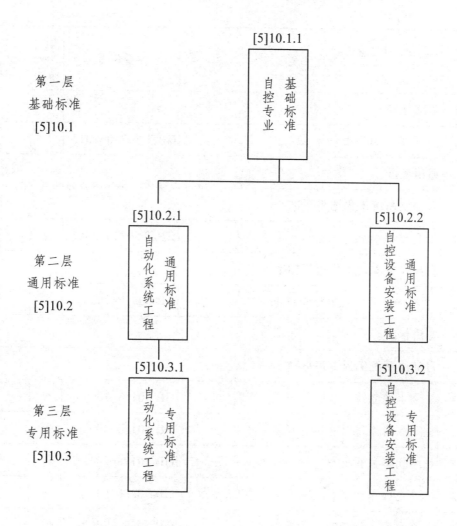

第一层
基础标准
[5]10.1

[5]10.1.1
自控专业 基础标准

第二层
通用标准
[5]10.2

[5]10.2.1
自动化系统工程 通用标准

[5]10.2.2
自控设备安装工程 通用标准

第三层
专用标准
[5]10.3

[5]10.3.1
自动化系统工程 专用标准

[5]10.3.2
自控设备安装工程 专用标准

2.10.3 自控专业标准体系表

体系编号	标准名称	标准编号	编制出版状况			备注
			现行	在编	待编	
[5]10.1	**基础标准**					
[5]10.1.1.1	电子工程建设术语标准	GB/T 50780-2013	√			
[5]10.2	**通用标准**					
[5]10.2.1	**自动化系统工程通用标准**					
[5]10.2.1.1	智能建筑设计标准	GB/T 50314-2006	√			
[5]10.2.2	**自控设备安装工程通用标准**					
[5]10.2.2.1	智能建筑工程质量验收规范	GB 50339-2013	√			
[5]10.3	**专用标准**					
[5]10.3.1	**自动化系统工程专用标准**					
[5]10.3.1.1	工业电视系统工程设计规范	GB 50115-2009	√			
[5]10.3.1.2	电子信息系统机房设计规范	GB 50174-2008	√			
[5]10.3.1.3	民用闭路监视电视系统工程技术规范	GB 50198-2011	√			
[5]10.3.1.4	有线电视系统工程技术规范（2007 年版）	GB 50200-94	√			
[5]10.3.1.5	综合布线系统工程设计规范	GB 50311-2007	√			
[5]10.3.1.6	消防通信指挥系统设计规范	GB 50313-2013	√			
[5]10.3.1.7	建筑物电子信息系统防雷技术规范	GB 50343-2012	√			
[5]10.3.1.8	入侵报警系统工程设计规范	GB 50394-2007	√			
[5]10.3.1.9	视频安防监控系统工程设计规范	GB 50395-2007	√			
[5]10.3.1.10	出入口控制系统工程设计规范	GB 50396-2007	√			
[5]10.3.1.11	城市消防远程监控系统技术规范	GB 50440-2007	√			
[5]10.3.1.12	视频显示系统工程技术规范	GB 50464-2008	√			

体系编号	标准名称	标准编号	编制出版状况			备注
			现行	在编	待编	
[5]10.3.1.13	公共广播系统工程技术规范	GB 50526-2010	√			
[5]10.3.1.14	用户电话交换系统工程设计规范	GB/T 50622-2010	√			
[5]10.3.1.15	城市轨道交通综合监控系统工程设计规范	GB 50636-2010	√			
[5]10.3.1.16	工业企业通信接地设计规范	GBJ 79-85	√			
[5]10.3.1.17	工业企业共用天线电视系统设计规范	GBJ 120-88	√			
[5]10.3.1.18	城市市政综合监管信息系统技术规范	CJJ/T 106-2010	√			
[5]10.3.1.19	建设领域计算机软件工程技术规范	JGJ/T 90-92	√			
[5]10.3.2	**自动化系统安装工程专用标准**					
[5]10.3.2.1	自动化仪表工程施工及质量验收规范	GB 50093-2013	√			
[5]10.3.2.2	综合布线系统工程验收规范	GB 50312-2007	√			
[5]10.3.2.3	城市轨道交通通信工程质量验收规范	GB 50382-2006	√			
[5]10.3.2.4	消防通信指挥系统施工及验收规范	GB 50401-2007	√			
[5]10.3.2.5	电子信息系统机房施工及验收规范	GB 50462-2008	√			
[5]10.3.2.6	用户电话交换系统工程验收规范	GB/T 50623-2010	√			
[5]10.3.2.7	城市轨道交通综合监控系统工程施工与质量验收规范	GB 50732-2011	√			

2.10.4 自控专业标准体系项目说明

[5]10.1 基础标准

[5]10.1.1.1《电子工程建设术语标准》（GB/T 50780-2013）

本标准适用于电子工程建设的规划、咨询、设计、工程监理、工程管理等工程服务以及教学、科研及其他相关领域。主要内容包括电子工程建设的基本术语及其定义。

[5]10.2 通用标准

[5]10.2.1 自动化系统工程通用标准

[5]10.2.1.1《智能建筑设计标准》（GB/T 50314-2006）

本标准适用于新建、扩建和改建的办公、商业、文化、媒体、体育、医院、学校、交通和住宅等民用建筑及通用工业建筑等智能化系统工程设计。主要内容包括智能建筑设计的基本要求，办公建筑、建筑设备监控系统、文化建筑、媒体建筑、体育建筑、医院建筑、学校建筑、交通建筑、住宅建筑、通用工业建筑等智能化系统工程设计的原则和要求。

[5]10.2.2 自控设备安装工程通用标准

[5]10.2.2.1《智能建筑工程质量验收规范》（GB 50339-2013）

本规范适用于建筑工程的新建、扩建和改建工程中的智能建筑工程质量验收。主要内容包括智能建筑工程质量验收的基本规定，通信网络系统、信息网络系统、建筑设备监控系统、火灾自动报警及消防联动系统、安全防范系统、综合布线系统、智能化系统集成、电源与接地、环境、住宅（小区）智能化等智能建筑工程质量验收的原则和要求。

[5]10.3 专用标准

[5]10.3.1 自动化系统工程专用标准

[5]10.3.1.1《工业电视系统工程设计规范》（GB 50115-2009）

本规范适用于新建、改建和扩建的工业电视系统工程的设计，对改建和扩建的工程项目，应从实际出发，有效利用已有资源。主要内容包括工业电视系统工程的系统设计，设备选择，设备布置，监控室，传输与线路敷设，供电、接地与防雷等设计原则和要求。

[5]10.3.1.2《电子信息系统机房设计规范》（GB 50174-2008）

本规范适用于新建、改建和扩建建筑物中的电子信息系统机房设计。主要内容包括电子信息系统机房的机房分级与性能要求、机房位置及设备布置、环境要求、建筑与结构、空气调节、电气、电磁屏蔽、机房布线、机房监控与安全防范、给水排水、消防等设计原则和要求。

[5]**10.3.1.3** 《民用闭路监视电视系统工程技术规范》（GB 50198-2011）

本规范适用于以民用监视为主要目的的闭路电视系统的新建、改建和扩建工程的设计、施工及验收。主要内容包括民用闭路监视电视系统的工程设计、工程施工、工程验收等原则和要求。

[5]**10.3.1.4** 《有线电视系统工程技术规范（2007年版）》（GB 50200-94）

本规范适用于下列信号传输方式的有线电视系统的新建、扩建和改建工程的设计、施工及验收：射频同轴电缆，射频同轴电缆与光缆组合，射频同轴电缆与微波组合。主要内容包括有线电视系统的工程设计、工程施工、工程验收等原则和要求。

[5]**10.3.1.5** 《综合布线系统工程设计规范》（GB 50311-2007）

本规范适用于新建、扩建、改建建筑与建筑群综合布线系统工程设计。主要内容包括综合布线系统的系统设计、系统配置设计、系统指标、安装工艺要求、电气防护及接地、防火等设计原则和要求。

[5]**10.3.1.6** 《消防通信指挥系统设计规范》（GB 50313-2013）

本规范适用于新建、改建、扩建的消防通信指挥系统的设计。主要内容包括消防通信指挥系统的系统技术构成，系统功能及主要性能要求，系统设备的配置及其功能要求，系统的软件及其设计要求，系统的供电、接地、布线及设备用房要求，系统相关环境技术条件等设计原则和要求。

[5]**10.3.1.7** 《建筑物电子信息系统防雷技术规范》（GB 50343-2012）

本规范适用于新建、扩建、改建的建筑物电子信息系统防雷的设计、施工、验收、维护和管理，不适用于易燃、易爆危险环境和场所的电子信息系统防雷。主要内容包括雷电防护分区、雷电防护分级、防雷设计、防雷施工、施工质量验收、维护与管理等原则和要求。

[5]**10.3.1.8** 《入侵报警系统工程设计规范》（GB 50394-2007）

本规范适用于以安全防范为目的的新建、改建、扩建的各类建筑物（构筑物）及其群体的入侵报警系统工程的设计。主要内容包括入侵报警系统工程的基本规定，系统构成，系统设计，设备选型与设置，传输方式、线缆选型与布线，供电、防雷与接地，系统安全性、可靠性、电磁兼容性、环境适用性，监控中心等设计原则和要求。

[5]**10.3.1.9** 《视频安防监控系统工程设计规范》（GB 50395-2007）

本规范适用于以安全防范为目的的新建、改建、扩建的各类建筑物（构筑物）及其群体的视频安防监控系统工程的设计。主要内容包括视频安防监控系统工程的基本规定，系统构成，系统功能、性能设计，设备选型与设置，传输方式、线缆选型与布线，供电、防雷与接地，系统安全性、可靠性、电磁兼容性、环境适用性；监控中心等设计原则和要求。

[5]10.3.1.10《出入口控制系统工程设计规范》（GB 50396-2007）

本规范适用于以安全防范为目的的新建、改建、扩建的各类建筑物（构筑物）及其群体的出入口控制系统工程的设计。主要内容包括出入口控制系统工程的基本规定，系统构成，系统功能、性能设计，设备选型与设置，传输方式、线缆选型与布线，供电、防雷与接地，系统安全性、可靠性、电磁兼容性、环境适用性，监控中心等设计原则和要求。

[5]10.3.1.11《城市消防远程监控系统技术规范》（GB 50440-2007）

本规范适用于远程监控系统的设计、施工、验收及运行维护。主要内容包括城市消防远程监控系统的基本规定，系统设计、系统配置和设备功能要求、系统施工、系统验收、系统的运行及维护等设计原则和要求。

[5]10.3.1.12《视频显示系统工程技术规范》（GB 50464-2008）

本规范适用于视频显示系统工程的设计、施工及验收。主要内容包括视频显示系统工程的分类和分级、工程设计、工程施工、试运行和工程验收等原则和要求。

[5]10.3.1.13《公共广播系统工程技术规范》（GB 50526-2010）

本规范适用于新建、改建和扩建的公共广播系统电声工程部分的设计、施工和验收。主要内容包括公共广播系统工程设计、工程施工、电声性能测量、工程验收等原则和要求。

[5]10.3.1.14《用户电话交换系统工程设计规范》（GB/T 50622-2010）

本规范适用于新建、改建、扩建用户电话交换系统、调度系统、会议电话系统和呼叫中心工程设计。主要内容包括用户电话交换系统工程的系统类型及组成，组网及中继方式，业务性能与系统功能，信令与接口，中继电路与带宽计算，设备配置，编号及 IP 地址，网络管理，计费系统，传输指标及同步，电源系统设计，机房选址、设计、环境与设备安装要求，接地与防护等设计原则和要求。

[5]10.3.1.15《城市轨道交通综合监控系统工程设计规范》（GB 50636-2010）

本规范适用于新建、改建和扩建城市轨道交通综合监控系统工程的设计。主要内容包括城市轨道交通综合监控系统工程的基本规定、系统功能、系统性能、系统组成、软件要求、接口要求、工程设施与设备要求等设计原则和要求。

[5]10.3.1.16《工业企业通信接地设计规范》（GBJ 79-85）

本规范适用于一般工业企业的电信站、有线广播及站外线路的通信接地设计。主要内容包括工业企业通信接地设计的一般规定、接地电阻、接地装置等设计原则和要求。

[5]10.3.1.17《工业企业共用天线电视系统设计规范》（GBJ 120-88）

本规范适用于一般工业企业共用天线电视系统新建、改建和扩建工程，对于扩建和改建工程，应从实际出发，注意充分利用原有设施。主要内容包括工业企业共用天线电视系统的系统设计，天线、前端、线路、用户分配、录像播放与电视站、供电、防雷及安全防护等设计原则和要求。

[5]10.3.1.18《城市市政综合监管信息系统技术规范》（CJJ/T 106-2010）

本规范适用于城市市政监管信息系统的建设、运行和维护等工作。主要内容包括城市市政综合监管信息系统的系统建设与运行模式、地理空间数据、系统功能与性能、系统运行环境、系统建设与验收、系统维护等原则和要求。

[5]10.3.1.19《建设领域计算机软件工程技术规范》（JGJ/T 90-92）

本规范适用于建设领域中软件的开发、维护和验收工作。主要内容包括计算机软件开发、计算机软件验收、计算机软件维护等原则和要求。

[5]10.3.2 自控设备安装工程专用标准

[5]10.3.2.1《自动化仪表工程施工及质量验收规范》（GB 50093-2013）

本规范适用于自动化仪表工程的施工及质量验收，不适用于制造、贮存、使用爆炸物质的场所以及交通工具、矿井井下等自动化仪表安装工程。主要内容包括自动化仪表工程施工及质量验收的基本规定、仪表设备和材料的检验及保管、取源部件安装、仪表设备安装、仪表线路安装、仪表管道安装、脱脂、电气防爆和接地、防护、仪表试验、工程交接验收等原则和要求。

[5]10.3.2.2《综合布线系统工程验收规范》（GB 50312-2007）

本规范适用于新建、改建和扩建建筑与建筑群综合布线系统工程的验收。主要内容包括综合布线系统工程验收的环境检查、器材及测试仪表工具检查、设备安装检验、线路的敷设和保护方法检验、缆线终接、工程电气测试、管理系统验收、工程验收等原则和要求。

[5]10.3.2.3《城市轨道交通通信工程质量验收规范》（GB 50382-2006）

本规范适用于城市轨道交通（包括城市地铁、轻轨、快轨和磁浮等）通信工程质量的验收。主要内容包括城市轨道交通通信工程质量验收的基本规定，电（光）缆线路，固定信号机、发车指示器及按钮装置，转辙设备，列车检测与车地通信设备，车载设备，室内设备，防雷及接地，试车线设备，室外设备标识及硬面化，联锁，微机监测，列车自动防护，列车自动监控，列车自动运行，列车自动控制，单位工程观感质量等原则和要求。

[5]10.3.2.4《消防通信指挥系统施工及验收规范》（GB 50401-2007）

本规范适用于各类新建、改建、扩建的消防通信指挥系统的施工、验收及维护管理。主要内容包括消防通信指挥系统的总则、施工前准备、系统施工、系统验收、系统使用和维护等原则和要求。

[5]10.3.2.5《电子信息系统机房施工及验收规范》（GB 50462-2008）

本规范适用于建筑中新建、改建和扩建的电子信息系统机房工程的施工及验收。主要内容包括电子信息系统机房施工及验收的基本规定，供配电系统、防雷与接地系统、空气调节系统、给水排水系统、综合布线、监控与安全防范、消防系统、室内装饰装修、电磁屏蔽、综合测试、工程竣工验收与交接等原则和要求。

[5]10.3.2.6《用户电话交换系统工程验收规范》（GB/T 50623-2010）

本规范适用于新建、改建和扩建用户电话交换系统、调度系统、会议电话系统、呼叫中心工程的验收。主要内容包括用户电话交换系统工程验收的施工前检查、硬件安装检查、系统检查测试、工程初验、试运转、工程终验等原则和要求。

[5]10.3.2.7《城市轨道交通综合监控系统工程施工与质量验收规范》（GB 50732-2011）

本规范适用于新建、改建和扩建的城市轨道交通综合监控系统工程的施工与质量验收。主要内容包括城市轨道交通综合监控系统工程的施工与质量验收的基本规定，施工安装及质量验收、系统调试、系统功能验收、系统性能验收、系统不间断运行测试、初步验收、竣工验收等原则和要求。

附录 CECS 协会标准一览表

序号	标准名称	标准编号	编制出版状况 现行	编制出版状况 在编	备注
1. 给排水专业					
1	栅条网格絮凝池设计标准	CECS 06:88	√		
2	埋地给水钢管道水泥砂浆衬里技术标准	CECS 10:89	√		
3	埋地硬聚氯乙烯给水管道工程技术规程	CECS 17:2000	√		
4	混凝土排水管道工程闭气检验标准	CECS 19:90	√		
5	深井曝气设计规范	CECS 42:92	√		
6	饮用水除氟设计规程	CECS 46:93	√		
7	滤池气水冲洗设计规程	CECS 50:93	√		
8	水泵隔振技术规程	CECS 59:94	√		
9	城市污水回用设计规范	CECS 61:94	√		
10	带式压滤机污水污泥脱水设计规范	CECS 75:95	√		
11	气压给水设计规范	CECS 76:95	√		
12	农村给水设计规范	CECS 82:96	√		
13	合流制系统污水截流井设计规程	CECS 91:97	√		
14	工业给水系统可靠性设计规程	CECS 93:97	√		
15	鼓风曝气系统设计规程	CECS 97:97	√		
16	低温低浊水给水处理设计规程	CECS 110:2000	√		
17	寒冷地区污水活性污泥法处理设计规程	CECS 111:2000	√		
18	氧化沟设计规程	CECS 112:2000	√		
19	锯齿取水头部设计规程	CECS 113:2000	√		

序号	标准名称	标准编号	编制出版状况		备注
			现行	在编	
20	氧气曝气设计规程	CECS 114:2000	√		
21	埋地硬聚氯乙烯排水管道工程	CECS 122:2001	√		
22	颗粒活性炭吸附池水处理设计规程	CECS 124:2001	√		
23	生物接触氧化法设计规程	CECS 128:2001	√		
24	埋地给水排水玻璃纤维增强热固性树脂夹砂管管道工程施工及验收规程	CECS 129:2001	√		
25	给水排水多功能水泵控制阀应用技术规程	CECS 132:2002	√		
26	水力控制阀门应用设计规程	CECS 144:2002	√		
27	城市污水生物脱氮除磷处理设计规程	CECS 149:2003	√		
28	沟槽式连接管道工程技术规程	CECS 151:2003	√		
29	一体式膜生物反应器污水处理应用技术规程	CECS 152:2003	√		修订
30	埋地聚乙烯排水管管道工程技术规程	CECS 164:2004	√		
31	排水系统水封保护设计规程	CECS 172:2004	√		
32	气水冲洗滤池整体浇筑滤板可调式滤头技术规程	CECS 178:2009	√		
33	给水钢丝网骨架塑料（聚乙烯）复合管管道工程技术规程	CECS 181:2005	√		
34	给水系统防回流污染技术规程	CECS 184:2005	√		
35	城镇供水长距离输水管（渠）道工程技术规程	CECS 193:2005	√		
36	给水内衬不锈钢复合钢管管道工程技术规程	CECS 205:2006	√		
37	曝气生物流化池设计规程	CECS 209:2006	√		
38	埋地聚乙烯钢肋复合缠绕排水管管道工程技术规程	CECS 210:2006	√		
39	聚硫、聚氨酯密封胶给水排水工程应用技术规程	CECS 217:2006	√		
40	埋地排水用钢带增强聚乙烯螺旋波纹管管道工程技术规程	CECS 223:2007	√		
41	给水钢塑复合压力管管道工程技术规程	CECS 237:2008	√		
42	聚乙烯塑钢缠绕排水管管道工程技术规程	CECS 248:2008	√		

序号	标准名称	标准编号	编制出版状况		备注
			现行	在编	
43	曝气生物滤池工程技术规程	CECS 265:2009	√		
44	给水排水丙烯腈丁二烯苯乙烯（ABS）管管道工程技术规程	CECS 270:2010	√		
45	彗星式纤维滤池工程技术规程	CECS 276:2010	√		
46	雨、污水分层生物滴滤处理（MBTF）技术规程	CECS 294:2011	√		
47	超高分子量聚乙烯钢骨架复合管管道施工及验收规程	CECS 306:2012	√		
48	钢骨架聚乙烯塑料复合管管道工程技术规程	CECS 315:2012	√		
49	室外真空排水系统工程技术规程	CECS 316:2012	√		
50	翻板滤池设计规程	CECS 321:2012	√		
51	钢制承插口预应力混凝土管管道工程技术规程	CECS 329:2012	√		
52	水平管沉淀池工程技术规程			√	
53	双止回阀倒流防止器应用技术规程			√	
54	复合垂直流污水土地处理技术规程			√	
55	水平流生物膜反应器污水处理技术规程			√	
56	一体化厌氧好氧多级（AmOn）反应器污水处理技术规程			√	
57	滤布强化复合流人工湿地污水处理技术规程			√	
58	村镇污水生物-生态协同处理技术规程			√	
59	多功能一体化污水处理装置技术规程			√	
60	一体化预制泵站应用技术规程			√	
2. 燃气专业					
1	埋地钢骨架聚乙烯复合管燃气管道工程技术规程	CECS 131:2002	√		
2	燃气采暖热水炉应用技术规程	CECS 215:2006	√		
3. 暖通专业					
1	发泡水泥绝热层与水泥砂浆填充层地面辐射供暖工程技术规程	CECS 262:2009	√		

序号	标准名称	标准编号	编制出版状况 现行	编制出版状况 在编	备注

4. 结构专业

序号	标准名称	标准编号	现行	在编	备注
1	贮藏构筑物常用术语标准	CECS 11:89	√		
2	预应力混凝土输水管结构设计规范	CECS 16:90	√		
3	蒸压灰砂砖、粉煤灰砖砌体结构技术规程	CECS 20:90	√		
4	土层锚杆设计与施工规范	CECS 22:2005	√		
5	金属结构耐火设计规程	CECS 24:90	√		
6	钢纤维混凝土结构设计与施工规程	CECS 38:2004	√		
7	钢筋混凝土深梁设计规程	CECS 39:92	√		
8	混凝土结构非弹性内力分析规程	CECS 51:93	√		
9	混凝土碱含量限值标准	CECS 53:93	√		
10	钢结构加固技术规范	CECS 77:96	√		
11	管道工程结构常用术语	CECS 83:96	√		
12	混凝土水池软弱地基处理设计规范	CECS 86:96	√		
13	给水排水工程混凝土构筑物变形缝设计规程	CECS 117:2000	√		
14	建筑基础隔震技术规程	CECS 126:2001	√		
15	给水排水工程钢筋混凝土沉井结构设计规程	CECS 137:2002	√		
16	给水排水工程钢筋混凝土水池结构设计规程	CECS 138:2002	√		
17	给水排水工程水塔结构设计规程	CECS 139:2002	√		
18	给水排水工程埋地预应力混凝土管和预应力钢筒混凝土管管道结构设计规程	CECS 140:2011	√		
19	给水排水工程埋地钢管管道结构设计规程	CECS 141:2002	√		
20	给水排水工程埋地铸铁管管道结构设计规程	CECS 142:2002	√		
21	给水排水工程埋地预制混凝土圆形管管道结构设计规程	CECS 143:2002	√		
22	给水排水工程埋地矩形管管道结构设计规程	CECS 145:2002	√		
23	加筋水泥土桩锚支护技术规程	CECS 147:2004	√		

序号	标准名称	标准编号	编制出版状况		备注
			现行	在编	
24	喷射混凝土加固技术规程	CECS 161:2004	√		
25	自承式给水钢管跨越结构设计规程	CECS 214:2006	√		
26	给水排水工程预应力混凝土圆形水池结构技术规程	CECS 216:2006	√		
27	水泥复合砂浆钢筋网加固混凝土结构技术规程	CECS 242:2008	√		
28	给水排水工程顶管技术规程	CECS 246:2008	√		
29	强夯地基处理技术规程	CECS 279:2010	√		
30	既有村镇住宅建筑抗震鉴定和加固技术规程	CECS 325:2012	√		
31	钢制承插口预应力混凝土管管道工程技术规程	CECS 329:2012	√		
32	灾损建（构）筑物处理技术规范	CECS 269:2010		√	
5. 电气专业					
1	钢制电缆桥架工程设计规范	CECS 31:2006	√		
2	并联电容器用串联电抗器设计选择标准	CECS 32:91	√		
3	并联电容器装置的电压、容量系列选择标准	CECS 33:91	√		
4	地下建筑照明设计标准	CECS 45:92	√		
5	低压成套开关设备验收规程	CECS 49:93	√		
6	铝合金电缆桥架技术规程	CECS 106:2000	√		
7	城市地下通信塑料管道工程设计规程	CECS 165:2004	√		
8	城市地下通信塑料管道工程施工及验收规程	CECS 177:2005	√		
6. 自控专业					
1	工业企业调度电话和会议电话工程设计规范	CECS 36:91	√		
2	工业企业通信工程设计图形及文字符号标准	CECS 37:91	√		
3	工业计算机监控系统抗干扰技术规范	CECS 81:96	√		
4	给水排水仪表自动化工程施工及验收规程	CECS 266:2009	√		

注：CECS 标准为中国工程建设标准化协会标准。本附录一共列了 107 项，其中给排水专业 60 项（现行 51 项，在编 9 项），燃气专业 2 项，暖通专业 1 项，结构专业 32 项，电气专业 8 项，自控专业 4 项。